特种建(构)筑物建造安全控制技术丛书

深基坑坍塌灾害
智能预警导论

李慧民　郭海东　著

北　京
冶 金 工 业 出 版 社
2022

内 容 提 要

本书针对深基坑坍塌灾害的多样性、隐蔽性、复杂性及突变性，在系统归纳深基坑坍塌致灾机理与安全预警理论体系的基础上，结合智能信息技术提出一整套深基坑坍塌预警运行机制及智能诊控方法，进而建立与之适用的深基坑坍塌预警诊控技术体系，并通过案例应用验证了提出的预警机制、方法及技术体系的合理性与先进性。

本书可供深基坑工程设计、建设、施工、监测及监理单位的相关人员，以及土木工程、安全工程、工程管理等专业科研和技术人员阅读，也可作为高等院校相关专业教学用书或参考书。

图书在版编目（CIP）数据

深基坑坍塌灾害智能预警导论/李慧民，郭海东著.—北京：冶金工业出版社，2022.3

（特种建（构）筑物建造安全控制技术丛书）

ISBN 978-7-5024-9041-6

Ⅰ.①深… Ⅱ.①李… ②郭… Ⅲ.①深基坑—坍塌—预警系统—研究 Ⅳ.①TU47

中国版本图书馆 CIP 数据核字（2022）第 023336 号

深基坑坍塌灾害智能预警导论

出版发行 冶金工业出版社		**电　话**	（010）64027926
地　址 北京市东城区嵩祝院北巷 39 号		**邮　编**	100009
网　址 www. mip1953. com		**电子信箱**	service@ mip1953. com

责任编辑　杨　敏　美术编辑　彭子赫　版式设计　禹　蕊
责任校对　范天娇　责任印制　李玉山
三河市双峰印刷装订有限公司印刷
2022 年 3 月第 1 版，2022 年 3 月第 1 次印刷
710mm×1000mm　1/16；12.5 印张；240 千字；186 页
定价 79.00 元

投稿电话　（010）64027932　投稿信箱　tougao@cnmip. com. cn
营销中心电话　（010）64044283
冶金工业出版社天猫旗舰店　yjgycbs. tmall. com
（本书如有印装质量问题，本社营销中心负责退换）

前　言

为缓解土地资源压力、优化城市空间结构、规范城市管理格局、改善城市居住环境，我国城市建设的发展模式由"外延式扩张"向"内涵式提升"转变。随着城市集约化程度的不断提高，对地下空间的开发与利用也越来越迫切。在此大背景下，深基坑工程随之蓬勃发展，呈现出规模不断增大、开挖不断加深、周边环境愈益复杂等显著特征，如何保证深基坑工程及其周边环境的稳定性成为极大的挑战。

目前，由于深基坑坍塌灾害事故频发，已造成了巨大的经济损失与社会影响。由于地质条件的差异性、施工过程的不确定性、周边环境的局限性以及扰动因素的随机性，致使深基坑坍塌灾害形式多样，总体具有较强的隐蔽性、复杂性及突变性，这使得其防控难度远高于其他类建设项目。在此严峻形势下，实现对深基坑坍塌灾害的超前预警与动态控制至关重要。

本书在系统性归纳深基坑坍塌致灾机理与安全预警理论体系的基础上，认为从信息技术角度实现对深基坑坍塌预警水平的系统化提升，是当前合理可行的突破路径。基于此，本书结合智能信息技术提出了一整套深基坑坍塌预警运行机制及智能诊控方法，并建立了与之适用的深基坑坍塌预警诊控技术体系。全书分为2篇，共8章。

第1篇为预警理论基础（第1~4章）。其中，第1章介绍了深基坑坍塌灾害的防治现状与演变特征；第2章归纳了深基坑坍塌灾害的破坏形式、致灾因素、警情特征及演化机理；第 3 章阐明了安全预警的发展历程、基本概念、本质特征、功能要素及理论体系；第 4 章论述了深基坑坍塌预警的核心理念、研究现状、功能框架，并在此基础上，结合智能信息技术提出了深基坑坍塌预警运行机制及智能诊控方法。

第 2 篇为预警诊控技术（第 5~8 章）。其中，第 5 章说明了深基坑施工安全动态监测的基础依据、方案体系、方法分类及仪器选用；第 6 章在阐述深基坑施工变形发展机理的基础上，明确了变形预测的内容、方式及目标，进而基于深度学习技术建立了深基坑施工变形预测模型，并辅以案例验证说明；第 7 章根植于深基坑坍塌致灾机理、警情特征及标准规范，确立了相应的预警指标体系与分级警阈区间，进而基于多源融合技术建立了深基坑坍塌警情融合诊断模型，并辅以案例验证说明；第 8 章针对深基坑坍塌警情控制决策缺乏灵活性与高效性的短板，确立了历史案例的信息要素与表示形式，进而基于案例推理理论建立了深基坑坍塌警情案例检索模型，并辅以案例验证说明。

本书主要由西安建筑科技大学李慧民、兰州交通大学郭海东撰写。各章撰写分工为：第 1 章由李慧民、郭海东撰写；第 2 章由李慧民、龚建飞撰写；第 3 章由郭海东、段品生撰写；第 4 章由郭海东、李慧民撰写；第 5 章由李慧民、郭平撰写；第 6 章由李慧民、郭海东撰写；第 7 章由郭海东、钟兴举撰写；第 8 章由郭海东、龚建飞撰写。

本书内容涉及的研究得到了住房与城乡建设部科技项目（2015-R3-003）、陕西省重点研发计划重点项目（2018ZDXM-SF-096）、陕西省自然科学基础研究计划联合基金项目（2021JLM-52）的资助，特此致谢。
同时，在资料收集与撰写过程中，还得到西安建筑科技大学、兰州交通大学、中冶建筑研究总院有限公司、郑州交通建设投资有限公司、中铁二十一局、百盛联合集团有限公司、陕西省引汉济渭工程建设有限公司等单位以及众多业界有关人员的大力支持与帮助，并参考了有关专家学者的研究成果与文献资料，在此一并表示衷心的感谢！

　　由于作者水平与经验所限，书中不足之处，敬请广大读者不吝指正。

作　者

2021 年 6 月

目　录

第1篇　预警理论基础

1 深基坑坍塌灾害概述 …………………………………………… 3

　1.1 深基坑工程概述 ………………………………………… 3

　　1.1.1 深基坑工程 ……………………………………… 3

　　1.1.2 深基坑施工特征 ………………………………… 12

　　1.1.3 深基坑施工安全风险 …………………………… 13

　1.2 深基坑坍塌灾害概述 …………………………………… 15

　　1.2.1 深基坑坍塌灾害现状 …………………………… 15

　　1.2.2 深基坑坍塌灾害特征 …………………………… 16

2 深基坑坍塌致灾机理 ………………………………………… 18

　2.1 深基坑坍塌破坏形式 …………………………………… 18

　　2.1.1 破坏形式分类 …………………………………… 18

　　2.1.2 事故统计分析 …………………………………… 19

　2.2 深基坑坍塌致灾因素 …………………………………… 21

　　2.2.1 责任主体占比 …………………………………… 21

　　2.2.2 致灾因素汇总 …………………………………… 22

　2.3 深基坑坍塌警情分析 …………………………………… 24

　　2.3.1 强度破坏警情分析 ……………………………… 24

　　2.3.2 稳定性破坏警情分析 …………………………… 25

　　2.3.3 刚度破坏警情分析 ……………………………… 27

　2.4 深基坑坍塌致灾机理 …………………………………… 28

　　2.4.1 致灾机理提炼 …………………………………… 28

　　2.4.2 警情阶段划分 …………………………………… 30

3 安全预警理论基础 …………………………………………… 32

　3.1 安全预警发展历程 ……………………………………… 32

3.1.1 预警起源 ……………………………………………………… 32

3.1.2 预警发展现状 ………………………………………………… 32

3.2 安全预警内涵解析 …………………………………………………… 33

3.2.1 概念界定 ……………………………………………………… 33

3.2.2 本质特征 ……………………………………………………… 33

3.2.3 内涵解析 ……………………………………………………… 34

3.2.4 基础功能 ……………………………………………………… 35

3.2.5 基本要素 ……………………………………………………… 37

3.3 安全预警理论体系 …………………………………………………… 39

3.3.1 基础性理论 …………………………………………………… 39

3.3.2 指导性理论 …………………………………………………… 41

4 深基坑坍塌预警机制及智能诊控方法 …………………………… 44

4.1 深基坑坍塌预警核心理念 …………………………………………… 44

4.2 深基坑坍塌预警研究综述 …………………………………………… 45

4.2.1 深基坑坍塌预警研究现状 …………………………………… 45

4.2.2 深基坑坍塌预警系统应用现状 ……………………………… 50

4.2.3 存在的问题 …………………………………………………… 51

4.3 深基坑坍塌预警功能框架 …………………………………………… 51

4.3.1 动态监测 ……………………………………………………… 52

4.3.2 预警诊控 ……………………………………………………… 52

4.3.3 协同响应 ……………………………………………………… 52

4.4 深基坑坍塌预警运行机制 …………………………………………… 53

4.4.1 施工变形预测 ………………………………………………… 54

4.4.2 坍塌警情诊断 ………………………………………………… 54

4.4.3 安全控制决策 ………………………………………………… 54

4.5 深基坑坍塌智能诊控方法 …………………………………………… 54

4.5.1 智能信息技术 ………………………………………………… 55

4.5.2 变形趋势预测 ………………………………………………… 55

4.5.3 多源融合诊断 ………………………………………………… 56

4.5.4 案例推理控制 ………………………………………………… 57

第2篇　预警诊控技术

5　深基坑施工安全动态监测 …………………………………………… 61

　5.1　动态监测基础 ………………………………………………………… 61

　　5.1.1　监测原则 ………………………………………………………… 61

　　5.1.2　监测标准 ………………………………………………………… 61

　　5.1.3　监测内容 ………………………………………………………… 62

　5.2　动态监测方案 ………………………………………………………… 63

　　5.2.1　监测范围 ………………………………………………………… 63

　　5.2.2　监测分区 ………………………………………………………… 64

　　5.2.3　监测项及测点布设 ……………………………………………… 64

　　5.2.4　监测频率 ………………………………………………………… 69

　5.3　动态监测方法 ………………………………………………………… 70

　　5.3.1　变形监测 ………………………………………………………… 70

　　5.3.2　受力监测 ………………………………………………………… 78

　　5.3.3　地下水位监测 …………………………………………………… 82

　　5.3.4　异常迹象监测 …………………………………………………… 83

　　5.3.5　自动化监测 ……………………………………………………… 83

　5.4　动态监测仪器 ………………………………………………………… 85

　　5.4.1　监测仪器类型 …………………………………………………… 85

　　5.4.2　监测仪器选择 …………………………………………………… 86

6　深基坑施工变形趋势预测 …………………………………………… 88

　6.1　变形预测基础 ………………………………………………………… 88

　　6.1.1　变形发展机理 …………………………………………………… 88

　　6.1.2　变形预测内容 …………………………………………………… 91

　　6.1.3　变形预测方式 …………………………………………………… 93

　　6.1.4　变形预测目标 …………………………………………………… 94

　6.2　变形预测方法 ………………………………………………………… 96

　　6.2.1　预测方法类型 …………………………………………………… 96

　　6.2.2　预测方法对比 …………………………………………………… 103

　6.3　变形预测模型 ………………………………………………………… 105

　　6.3.1　结构设计及构建流程 …………………………………………… 105

　　6.3.2　监测数据预处理 ………………………………………………… 107

　　6.3.3　模型参数确定 ………………………………… 108
　　6.3.4　模型训练及预测 ……………………………… 111
　6.4　变形预测案例 ………………………………………… 112
　　6.4.1　工程概况 ……………………………………… 112
　　6.4.2　监测设置 ……………………………………… 118
　　6.4.3　变形预测分析 ………………………………… 120

7　深基坑坍塌警情融合诊断 ……………………………… 124

　7.1　预警指标体系 ………………………………………… 124
　　7.1.1　指标确立原则 ………………………………… 124
　　7.1.2　警情因素与特征 ……………………………… 125
　　7.1.3　指标体系建立 ………………………………… 126
　　7.1.4　指标体系检验 ………………………………… 131
　7.2　分级警阈区间 ………………………………………… 135
　　7.2.1　警情等级划分 ………………………………… 135
　　7.2.2　定量指标警阈确定 …………………………… 136
　　7.2.3　定性指标警阈确定 …………………………… 139
　7.3　警情诊断技术 ………………………………………… 140
　　7.3.1　诊断技术分析 ………………………………… 140
　　7.3.2　D-S证据理论 ………………………………… 142
　　7.3.3　证据冲突修正 ………………………………… 146
　7.4　警情诊断模型 ………………………………………… 149
　　7.4.1　指标权重确定 ………………………………… 149
　　7.4.2　诊断模型建立 ………………………………… 151
　7.5　警情诊断案例 ………………………………………… 156
　　7.5.1　安全风险预估 ………………………………… 156
　　7.5.2　诊断基础说明 ………………………………… 159
　　7.5.3　诊断效果分析 ………………………………… 161

8　深基坑坍塌警情控制决策 ……………………………… 165

　8.1　控制决策方法 ………………………………………… 165
　　8.1.1　案例推理理论 ………………………………… 165
　　8.1.2　控制决策基础 ………………………………… 166
　8.2　案例要素分析 ………………………………………… 167
　　8.2.1　案例表示框架 ………………………………… 167

8.2.2 案例要素识别 ·· 167

8.3 案例表示形式 ·· 169

8.3.1 表示方法选择 ·· 169

8.3.2 表示结构设计 ·· 170

8.3.3 案例信息整合 ·· 173

8.4 案例检索模型 ·· 177

8.4.1 属性权重确定 ·· 177

8.4.2 案例检索方法 ·· 178

8.5 警情控制案例 ·· 180

8.5.1 相似案例检索 ·· 180

8.5.2 控制效果分析 ·· 182

参考文献 ··· 185

第1篇
预警理论基础

1 深基坑坍塌灾害概述

21 世纪以来，我国城市化率由 2000 年的 36.22% 上升至 2019 年的 60.06%，不断扩张的城市规模与逐渐短缺的土地资源之间矛盾日益凸显。为缓解土地资源压力、优化城市空间结构、规范城市管理格局、改善城市居住环境，对地下空间的开发与利用越来越迫切。在此大背景下，深基坑工程随之蓬勃发展，呈现出规模逐渐增大、开挖不断加深、周边环境愈益复杂等显著特征，开挖深度约 20m 左右的深基坑已属常见，部分大型深基坑工程的开挖深度已超过 40m。在庞大且复杂的建设系统中，如何实现对深基坑坍塌灾害的有效防治，充分保障深基坑及其周边环境的安全稳定性，成为关键性问题与极大的挑战。

1.1 深基坑工程概述

1.1.1 深基坑工程

1.1.1.1 概念

（1）基坑（excavation）是指在基础设计位置按基底标高和基础平面尺寸所开挖的土坑。基坑工程是为保证基坑开挖过程以及地下结构施工过程的安全稳定，采取的一系列挡土结构、地下水控制、环境保护等工程措施的总称。

（2）根据《危险性较大的分部分项工程安全管理办法》（2009），深基坑工程（deep excavation）具体为：1）开挖深度超过 5m（含 5m）的基坑（槽）的土方开挖、支护、降水工程；2）开挖深度虽未超过 5m，但地质条件、周边环境和地下管线复杂，或影响毗邻建筑（构筑）物安全的基坑（槽）的土方开挖与支护。

（3）基坑周边环境（peripheral environment）是指与基坑开挖相互影响的周边建（构）筑物、地下管线、道路、岩土体与地下水体的统称。

（4）基坑支护（retaining and protection for excavations）是指为保护地下主体结构施工和基坑周边环境的安全，对基坑采用的临时性支挡、加固、保护与地下水控制的措施。

（5）基坑安全等级（safety grade of excavation）是指由基坑工程设计文件确定的基坑安全等级。

（6）设计使用期限（design workable life）是指设计规定的从基坑开挖到预

定深度至完成基坑支护使用功能的时段。

1.1.1.2 历程

深基坑工程的发展历程主要经历三个阶段，如图 1-1 所示。

图 1-1 深基坑工程发展历程

第一阶段：最早于 20 世纪 40 年代欧美等国家率先提出了"深基坑"的概念。此后，我国于 20 世纪 80 年代末开始兴建高层建筑，逐渐对地下空间进行开发与利用。这一阶段，深基坑工程规模小、支护难度低，且开挖与周边环境相互作用小。

第二阶段：20 世纪 90 年代，我国新建高层建筑已达 2000 多幢。随着土钉墙及复合土钉墙的出现，使得桩锚支护形式得到广泛应用，在很大程度上节约了工程成本，深基坑工程的数量与规模也开始逐渐增加。

第三阶段：21 世纪以来，基坑支护技术得到飞速发展，由传统单一的支护形式向多种交叉、综合应用的方向发展，大量组合优化的支护形式不断涌现；同时，有限元、有限差分等仿真模拟软件对深基坑工程设计起到良好的辅助作用，为深基坑工程的发展提供了良好的助力。这一阶段，深基坑工程在基坑规模、开挖深度、周边环境复杂性等维度不断增大，代表性工程项目见表 1-1。与此同时，如何保证大型深基坑工程的安全稳定性成为重难点与研究热点。

表 1-1 深基坑工程典型项目

项目名称	开挖深度/m	项目名称	开挖深度/m
温州世贸中心大厦	20.00	杭州钱江新城 D09 金融地块	25.00~28.00
杭州香江国际大厦	18.00~20.00	杭州地铁一号线武林广场站一期广场	27.00~30.00
北京大兴机场	18.40	国家体育场（北京）	30.00
中国人寿大厦（北京）	22.00	杭州武林广场物业综合体	29.60~30.20
苏州中心	22.50	上海中心大厦	31.00
天津津塔	23.50	杭州地铁 2 号线橘子洲站	30.80~31.60
中国尊（北京）	40.00	荣邦水岸莲花地下立体车库（杭州）	31.90
北京银泰中心	27.00	国大·雷迪森城市广场（杭州）	28~32

项目名称	开挖深度/m	项目名称	开挖深度/m
温州鹿城广场	20.00~28.00	上海世博500kV地下变电站	34.00
北京国家大剧院	40.00	上海地铁4号线某事故修复基坑	41.00
京汉科技大厦（武汉）	22.00	世纪财富中心（北京）	20.60
台北音乐厅	32.50	北京财源国际中心	26.56

1.1.1.3 前景

目前，在地下空间大规模开发的背景下，深基坑工程也随之蓬勃发展，主要涉及人防基建、公共交通、商业设施、仓储物流、综合管廊、军用设施等地下工程的建设，总体呈现出规模逐渐增大、开挖不断加深、周边环境愈益复杂等显著特征。这也使得在庞大且复杂的建设系统中，如何保证深基坑工程及其周边环境的稳定性成为极大的挑战。尤其对于城市密集区域的大型深基坑工程，这一问题则更加严峻。

以城市轨道交通为例，截至2018年我国拥有城市轨道交通的城市已达35座，运营里程共计5761.40km。其中，地下里程高达3639.80km（图1-2），地铁车站的深基坑数量规模巨大。

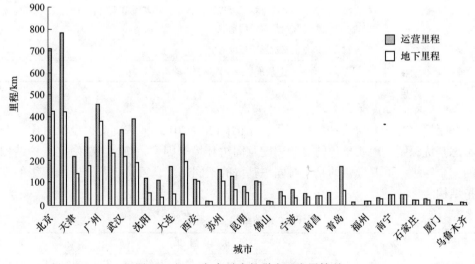

图1-2 2018年各城市轨道交通发展情况

1.1.1.4 工程分类

A 开挖深度分类

根据地下开挖深度，与深基坑工程相关的地下工程可分为浅层地下工程、中层地下工程、深层地下工程。

浅层地下工程（一般指-10m范围内的地下工程），主要包括地下商场、停车场、人防等地下工程。

中层地下工程（一般指-10~-30m的地下工程），主要包括地下交通、综合管廊等地下工程。

深层地下工程（一般指-30m以下的地下工程），主要包括危险品仓库、冷库、油库等。

B 基坑设计安全等级

基坑设计安全等级是由基坑工程设计方综合考虑基坑规模、基坑深度、地质条件复杂程度及周边环境条件等因素，按照基坑破坏后果的严重程度所划分的设计安全等级。

目前，对基坑设计安全等级的划分普遍为三级，在不同层次、类型、地区的标准规范中，具体的划分标准有一定的差异。总体而言，现有基坑安全等级的划分综合考虑了开发深度、工程性质、地质条件及周边环境等关键要素。经对比分析，目前采用较多的分级标准见表1-2。

表1-2　基坑安全等级划分标准

基坑安全等级	划 分 标 准
一级	①为重要工程或支护结构做主体结构的一部分；②开挖深度大于10m；③与邻近建筑物，重要设施的距离在开挖深度以内的基坑；④基坑范围内有历史文物、近代优秀建筑、重要管线需严加保护的基坑
二级	除一级和三级外的基坑属于二级基坑
三级	开挖深度小于7m，且周围环境无特别要求的基坑

C 支护结构安全等级

根据《建筑基坑支护技术规程》（JGJ 120—2012），基坑支护设计时应综合考虑基坑深度、地质条件的复杂程度及周边环境等因素，按表1-3确定支护结构的安全等级。需要说明的是，对同一基坑的不同部位，可采用不同安全等级的支护结构。

表1-3　支护结构安全等级划分

安全等级	破 坏 后 果
一级	支护结构失效、土体过大变形对基坑周边环境或主体结构施工安全的影响很严重
二级	支护结构失效、土体过大变形对基坑周边环境或主体结构施工安全的影响严重
三级	支护结构失效、土体过大变形对基坑周边环境或主体结构施工安全的影响不严重

D 深基坑施工安全等级

根据现行国家标准《建筑深基坑工程施工安全技术规范》（JGJ 311—2013），

深基坑工程施工安全等级划分应根据现行地基基础设计等级，并结合基坑本体安全、工程桩基与地基施工安全、基坑侧壁土层与荷载条件、环境安全等因素，按表1-4综合确定。

表1-4 深基坑施工安全等级划分

施工安全等级	划 分 条 件
一级	①复杂地质条件及软土地区二层及二层以上地下室基坑工程；②开挖深度大于15m的基坑工程；③基坑支护结构与主体结构相结合的基坑工程；④设计使用年限超过2年的基坑工程；⑤侧壁为填土或软土，场地因开挖施工可能引起工程桩基发生倾斜、地基隆起变形等改变桩基、地铁隧道运营性能的工程；⑥基坑侧壁受水浸透可能性大或基坑工程降水深度大于6m或降水对周边环境有较大影响的工程；⑦地基施工对基坑侧壁土体状态及地基产生挤土效应较严重的工程；⑧在基坑影响范围内存在较大交通荷载，或大于35kPa短期作用荷载的基坑工程；⑨基坑周边环境条件复杂、对支护结构变形控制要求严格的工程；⑩采用型钢水泥土墙支护方式、需要拔除型钢对基坑安全可能产生较大影响的基坑工程；⑪采用逆作法上下同步施工的基坑工程；⑫需要进行爆破施工的基坑工程
二级	除一级以外的其他基坑工程

1.1.1.5 施工方法

目前，深基坑工程常用的施工方法包括顺作法与逆作法，相应的适用范围及优缺点见表1-5。

顺作法施工的基本流程为先施工周边围护结构，然后由上而下开挖土方并设置支撑，挖至坑底后，再由下而上施工主体结构，并按一定顺序拆除支撑。其关键工序为降水、边坡支护、土方开挖、结构施工及防水工程等。

逆作法是先沿建筑物地下室轴线或周围施工地下连续墙或其他支护结构作为基坑围护，同时在建筑物内部的有关位置浇筑或打下中间支承桩和柱，作为施工期间于底板封底之前承受上部结构自重和施工荷载的支撑；然后施工地面一层的梁板楼面结构，作为地下连续墙的横向支撑体系，随后逐层向下开挖土方和浇筑各层地下结构，直至底板封底。

表1-5 顺作法与逆作法适用范围及优缺点

施工方法	适用范围	优 点	缺 点
顺作法	①场地开阔的项目；②工期充足的项目	①施工简单、工艺成熟、安全经济；②支护结构体系与主体结构相对独立，设计与施工均比较便捷	①需基坑工程施工完后才能施工主体结构，施工工期长；②对周围环境影响大，需要做好地下围护结构，防止土体坍塌

施工方法	适用范围	优 点	缺 点
逆作法	①基坑周边环境条件复杂，且对变形敏感的项目；②施工场地紧张；③工期进度要求高时，可采用逆作法施工缩短总工期	①大量减少临时支护结构的使用，节约资源，节省成本；②可以缩短施工的总工期；③逆作法施工基坑变形小，对周边环境影响小	①垂直构件续接施工技术复杂；②施工技术要求高；③逆作法设计和主体结构设计关联大，受主体结构设计进度的影响

对于某些条件复杂或具有特别技术经济性要求的基坑，仅采用顺作法或逆作法均难以同时满足技术、经济、工期、环境保护等多方面的要求，因此，对此类深基坑工程多采用顺逆结合的施工方法。

1.1.1.6 工程技术

从全过程角度，深基坑工程主要涉及工程勘察、支护结构设计与施工、土方开挖与回填、地下水控制、信息化施工及周边环境保护等工程技术。

A 清障技术

在城市中心区域，深基坑工程通常会遇到既有基础、设施等地下障碍物，为保证工程项目顺利进行，有必要对既有地下障碍物予以清除（桩基础占比较大）。

目前，深基坑工程采用的清障技术主要包括冲桩法与整体拔除法。其中，冲桩法是对既有桩基原位破碎后予以清理，该方法适用于施工空间广阔、工作量小的深基坑工程；整体拔除法是将既有残桩通过振动、分段、回转切割等相结合的方式进行拔除，该方法应用范围较广，可拔除混凝土桩、管桩、灌注桩等截面和埋深较大的桩体，但对于较大的倾斜桩需多次定位拔除，相应的操作较为复杂。

B 支护技术

根据深基坑工程实际需求，可采用不同的支护结构形式（围护结构与支撑结构），具体可划分为悬臂式支护、拉锚式支护、内支撑支护、重力式支护、土钉类支护、预应力锚杆柔性支护六大类（图1-3~图1-8），各类支护形式的适用范围及优缺点见表1-6。

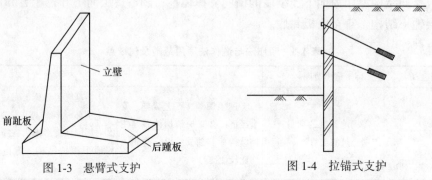

图1-3 悬臂式支护   图1-4 拉锚式支护

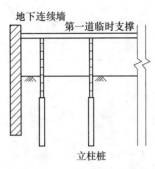

图 1-5　内支撑支护

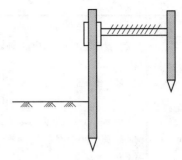

图 1-6　重力式支护

图 1-7　土钉类支护

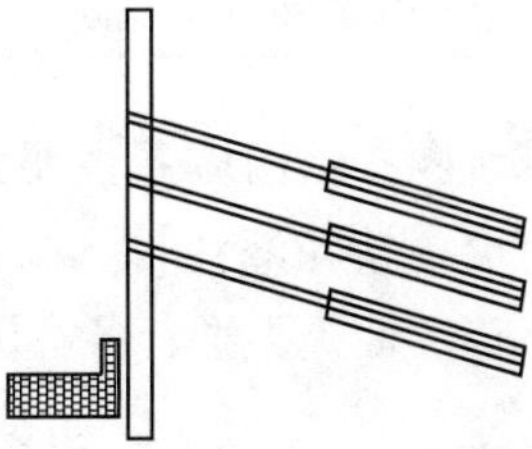

图 1-8　预应力锚杆柔性支护

表 1-6　深基坑工程支护形式适用范围及优缺点

支护形式	适用范围	优　点	缺　点
悬臂式支护	适用于基坑侧壁安全等级低、开挖深度比较浅的基坑工程	①结构简单；②施工方便；③刚度大；④抗弯强度高；⑤有利于采用大型机械开挖	①止水能力差且工期较长；②易产生较大变形
拉锚式支护	适于开挖面积较大、深度不大，不能安设横撑的基坑	①对岩土体扰动小；②可灵活调整锚杆（索）的部位、方向和间距；③能够提供开阔的施工空间	需要有足够的场地设置锚桩或其他锚固物
内支撑支护	适用于各类深基坑工程，特别适用于复杂土质及软弱土地区的深基坑工程	可直接平衡两端围护墙承受的水土压力，能够有效控制基坑变形	因内部存在支撑，不利于大规模的机械化开挖
重力式支护	适用于软土地层中开挖深度较浅，周边环境保护要求不高的基坑工程	①便于基坑开挖及地下室施工；②材料和施工设备单一，成本较低；③施工无侧向挤出、无振动、无噪声且无污染	①占用空间较大；②在软弱地基中变形位移相对较大；③水泥土桩材料强度较低，抗拉能力近乎为零

续表 1-6

支护形式	适用范围	优 点	缺 点
土钉支护	①开挖深度小于15m的各种基坑；②淤泥质土、人工填土、砂性土、粉土、黏性土等土层	①机动灵活；②适用范围广；③成本低；④工期短；⑤安全可靠；⑥支护能力强	难以运用于土质不好的地区，需土方配合分层开挖
预应力锚杆柔性支护	①无不良方向性和低强度结构的残积土和风化岩；②粉质黏土和不易于产生蠕变的低塑性黏土类的硬黏土；③天然胶结砂或密实砂和具有一定黏结力的砾石；④天然含水量至少为5%的均匀中、细砂	①成本较低；②工期快；③施工简单；④安全性好；⑤施工占地小；⑥基坑变形小；⑦支护基坑的深度大	①土体必须有一定程度的天然"黏结"和"胶结"；②现场需要有允许设置锚杆的地下空间

深基坑围护结构体系主要包括（桩）墙、冠梁及其他附属构件，具体可划分为土钉墙、钻孔灌注桩、高压旋喷桩、深层水泥土搅拌桩、型钢水泥土搅拌桩、地下连续墙等类型，各类围护结构的适用范围及优缺点见表1-7。

表1-7 深基坑工程围护结构适用范围及优缺点

围护结构	适用范围	优 点	缺 点
土钉墙	适用于土质较好地区	①成本较低；②不需要单独占用场地；③土钉长度和间距可以随时调整；④结构轻型且柔性大，抗震性较好	土质不好的地区难以运用，需土方配合分层开挖
钻孔灌注桩	适用于软黏土质和砂土地区	①无挤土现象；②对周边环境影响小；③工期短；④施工时无振动、无噪声	①质量控制不足；②桩间缝隙易水土流失；③成孔速度慢；④泥渣污染环境
高压旋喷桩	适用于施工空间较小的工程	①施工占地少；②施工机具振动小、噪声低；③施工设备体积小、机动性强	①成本较高；②容易引起环境污染
深层水泥土搅拌桩	适用于城市中心区域	①开挖方便；②成本较低；③无振动、无噪声、污染少；④隔水性能良好	位移、厚度相对较大，对环境影响较大
型钢水泥土搅拌桩	适用于黏性土、粉土、砂土、砂砾土等土层中	①抗渗性好；②成本较低；③对周边环境影响小；④刚度较大，支护效果好	施工质量难以保证
地下连续墙	适用于地质条件差或复杂，基坑深度大，周边环境要求较高的基坑	①刚度大；②止水效果好	成本较高，施工要求专用设备

深基坑支撑结构类型主要包括内支撑和拉锚支撑。其中，内支撑包括钢支

撑、混凝土支撑、钢支撑和混凝土支撑组合等；拉锚支撑是将水平挡土板支在柱桩内侧，柱桩一端打入土中，另一端用拉杆与锚桩拉紧，在挡土板内侧回填土。

总体而言，深基坑工程的支护形式已较为成熟，结合不同深基坑工程实际，相应支护形式的设计多为已有支护形式的优化或多种支护形式的组合，如桩锚支护、桩撑支护、土钉墙与桩锚的联合使用等。

C　地下水控制技术

对深基坑工程而言，地下水是影响最大且最复杂的关键性因素。目前，主要采用的地下水控制技术主要包括明排水、止水帷幕、井点降水、引渗、回灌等技术（图1-9~图1-12）。

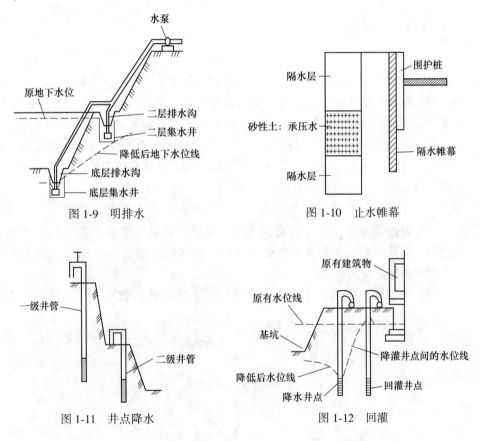

图1-9　明排水

图1-10　止水帷幕

图1-11　井点降水

图1-12　回灌

在城市中心区域，由于建（构）筑物、交通、地下管线等设施较为密集，降水会对深基坑周边环境产生较大影响，因此，止水帷幕技术逐渐成为地下水控制的重要手段。止水帷幕可以通过注浆、水泥土桩、咬合桩、地下连续墙等技术或技术组合形成。其中，地下连续墙可作为止水帷幕与地下室外墙，相较于其他类技术止水效果最好，但施工复杂且成本较高；在水位较高且透水性强的地质条件下，可采用水泥加固地下连续墙工法（trench cutting re-mixing deep wall method，TRD）代替地下连续墙作为止水帷幕。

D 动态监测技术

由于深基坑灾害事故影响巨大，因此，有必要通过动态监测技术及时反馈深基坑安全状态及其对周边环境的影响状况，以准确高效的指导工程施工，并预防工程事故的发生。

目前，深基坑工程动态监测技术的核心侧重于深基坑变形监测，主要通过水准仪、测斜仪、GPS、自动跟踪全站仪、数字化摄影测量技术、3D 激光扫描仪等仪器设备辅助量测。

1.1.2 深基坑施工特征

总体而言，深基坑工程综合性很强，是集地质工程、岩土工程、结构工程、建造与管理等于一身的系统性工程。近年来，深基坑工程规模不断增大、开挖不断加深、周边环境愈益复杂，部分基坑长宽达数百米，深度甚至超过 50m 以上，总体上大幅度提高了深基坑工程的施工难度，并具有如下突出特征（图 1-13）：

（1）区域性强。由于工程地质、水文地质等条件千差万别，即使是同一城市的不同区域之间亦存在巨大差异，使得深基坑工程具有较强的区域性特征，这也成为深基坑工程之间经验复用的巨大障碍。

（2）个性强。在区域性差异的基础上，深基坑自身形状、支护形式的多样性，以及周边邻近建（构）筑物的类型、位置、数量、刚度及重要性之间的巨大差别，使得深基坑工程具有很强的个性，如何保证邻近建（构）筑物与基础设施的安全稳定成为关键。

（3）时空效应强。由于深基坑开挖打破了原始的荷载平衡，土体所具有的

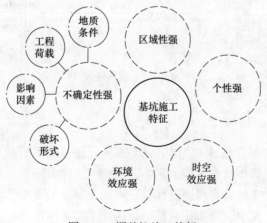

图 1-13 深基坑施工特征

流变性对作用于围护结构上的土压力、边坡的稳定性以及支护结构变形等有很大的影响。因此，深基坑工程具有很强的时空效应。

（4）不确定性强。深基坑工程属于庞大且复杂的系统性工程，其不确定性体现在以下方面：

1）工程地质条件的不确定性。由于工程地质条件的复杂性与不均匀性，使得难以获取准确的地质勘察结果，相关数据离散性很大，故而具有客观且难以控制的不确定性。

2）工程荷载的不确定性。对于深基坑工程，周边岩土体不仅作用于支护结构，同时又是其他荷载的承载体；同时，岩土工程理论尚不完善，这使得作用在支护结构上的荷载难以精准确定。

3）稳定性影响因素的不确定性。深基坑施工过程是一个涉及主体众多、环境复杂多变、相互制约影响的动态系统，因此其稳定性影响因素具有繁杂性、隐蔽性、动态性及随机性，总体而言具有非常突出的不确定性。

4）破坏形式的不确定性。地面工程的破坏形式比较容易确定，如强度破坏、变形破坏、旋转失稳等，而深基坑工程的破坏形式则难以确定，不仅取决于工程地质条件，还与施工方案、环境交互、扰动因素等密切相关，如开挖顺序、降雨、振动、场地狭窄等。

（5）环境效应强，灾害影响大。深基坑工程开挖势必引起周边土体的变形，进而对周边建（构）筑物、基础设施、在建工程等产生影响，故此深基坑工程具有很强的环境效应。在此前提下，一旦发生灾害性事故，则易导致群体性伤亡以及环境急剧恶化的严重性后果，进而可能造成巨大的经济损失与广泛的社会影响。

1.1.3 深基坑施工安全风险

1.1.3.1 安全风险分类

深基坑施工安全风险主要包括两类，分别为基坑自身的安全风险与周边环境的安全风险，二者之间关联紧密、交互影响。其中，基坑自身常见的安全风险主要包括基坑坍塌、围护渗漏、涌水涌砂、物体打击、机械伤害等风险类型；周边环境常见的安全风险主要包括地表沉降、既有建（构）筑物受损、既有地下管线破坏等。各类常见安全风险事故占比如图 1-14 所示，可以看出其中基坑坍塌事故占比最高、经济损失最大且影响范围最广泛，成为施工安全风险管控的关键对象。

从事故发生部位角度，深基坑工程在支撑、围护结构等部位发生事故占比较大（图 1-15），说明应加强深基坑围护结构设计及稳定性验算，并注重对支护体系变形与受力的监测，以提升深基坑施工安全风险的管控水平。

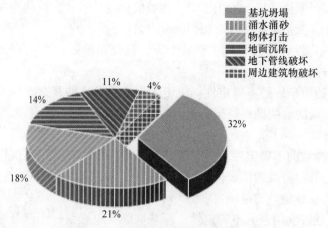

图 1-14 各类常见安全风险事故占比

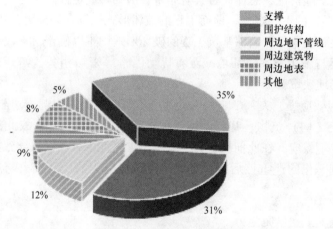

图 1-15 事故发生部位占比

需要强调的是，深基坑施工安全风险之间并非相互独立，而是关联影响、诱发转化、耦合发展的关系，在"大、深、紧、近"的前提下，如何实现对安全风险准确、系统、高效的管控，成为当下及未来重点发展的方向。

1.1.3.2 安全风险因素

（1）人的因素：第一，取决于直接参与深基坑工程的决策层、管理层及作业层人员的安全意识与素质，具体体现为管理人员对安全现状的洞察力、安全态势的控制力、安全事故的处理决策能力等，以及作业人员的安全意识、知识与技能；第二，取决于建设单位、勘察设计单位、施工单位等实体组织的安全管理体系及能力。尤其是勘察设计单位，由于深基坑工程施工环境的特殊性，勘察结果的准确性直接影响后续工程设计、施工方案等技术参数的选取。

（2）物的因素：主要包括物在功能、防护、保险、技术方案、作业方法等方面的缺陷。对于机械设备应保证其使用、存储、搬运、维修、保养等的规范性，使设备处于安全工作状态；对于施工材料应保证其进厂检验、运输保管、操作使用等的规范性，保证材料功能符合要求；对于支护结构体系、降排水设施等，应充分保证其施工质量，严格进行相应工程质量的验收工作；对于安全防护设施，应保证其规范性、合理性、可靠性，以保障其安全防护功能。

（3）环境因素：1）工程地质条件的复杂性，尤其是不良地质、特殊地质，大大增加了深基坑工程的施工难度与安全风险，易发生坍塌、沉陷、渗漏等风险事故；2）施工现场作业环境（空间、照明、通风、粉尘等），直接影响作业活动及人员的安全状态，从而为施工安全风险提供了孕育环境；3）周边邻近建（构）筑物、基础设施及地下管线，对深基坑工程从时空维度形成较强的约束局限，成为施工过程主要的安全风险因素；4）深基坑工程除自身荷载外，还受到邻近建筑、交通（活荷载、冲击荷载）等荷载的影响，这些荷载成为影响深基坑施工安全的不利因素或扰动因素；5）恶劣天气对深基坑工程施工安全影响较大，如大风、暴雨、暴雪等。

1.2 深基坑坍塌灾害概述

1.2.1 深基坑坍塌灾害现状

在庞大且复杂的建设系统中，如何保证深基坑工程及其周边环境的稳定性成为极大的挑战。为保证深基坑施工过程的安全性，参建各方必须具备良好的技术能力与管理水平，并应充分保证勘察、设计、施工等各阶段工作的规范性与合理性。然而，由于受技术水平不足、施工过程不规范、风险管理不到位等因素的影响，深基坑坍塌灾害事故频发，在各类风险事故中占比最高。深基坑坍塌灾害示意如图 1-16 所示。

相较于其他类风险，深基坑坍塌灾害一旦发生，多易导致群死群伤、大范围影响的严重性后果，并可能对周边环境、基础设施、生产生活等造成巨大的经济损失与社会影响。例如：2008 年 11 月，杭州市某地铁站发生基坑坍塌，造成 21 人死亡、25 人受伤；2009 年 3 月，西宁市某深基坑工程因锚杆长度不足、注浆孔设置不规范等原因发生坍塌，造成 8 人死亡；2010 年 7 月，北京市某地铁站基坑开挖时，因钢支撑架设不牢固突然坠落，造成 2 人死亡、8 人受伤；2011 年 3 月，大连市某地铁标段一周内发生 3 次连续性塌方；2012 年、2014 年 10 月，南宁市某地铁站发生基坑坍塌，造成 3 人死亡；2019 年 12 月，广州市某地铁站基坑开挖时，周边地面发生塌陷，最深处达 38m。

总体而言，由于地质条件的差异性、施工过程的不确定性、周边环境的局限

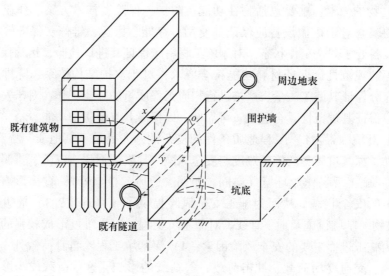

图 1-16 深基坑坍塌灾害示意

性以及扰动因素的随机性, 致使深基坑坍塌灾害的防控难度远高于其他类建设项目。因此, 如何全面提高深基坑坍塌灾害的防治能力, 成为亟待解决的瓶颈性问题。

1.2.2 深基坑坍塌灾害特征

深基坑坍塌灾害的演变特征主要包括复杂性、动态性、隐蔽性、阶段性、突变性及连锁性 (图 1-17)。

（1）复杂性。由于地质构造的非均质性、水土作用的非线性、周边环境的局限性以及扰动因素的随机性, 使得大量不确定因素在特定时空范围内呈现出非常复杂的演化过程, 相应安全风险也同样具有高度的复杂性。

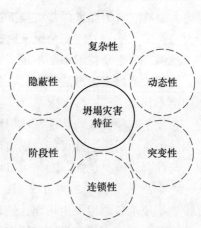

图 1-17 深基坑坍塌灾害演变特征

（2）动态性。属于客观且普遍存在的安全风险特征, 就深基坑坍塌风险而言, 主要体现为风险因素的时序性、状态特征的时变性、风险演变的不确定性, 以及与外部环境的交互性。

（3）隐蔽性。由于水土作用难以精确观测, 使得与水土相关的安全风险隐蔽性较强，由此导致深基坑工程的稳定性仅可通过外部变形与局部受力综合推定。相较其他类建设工程，水土作用的"黑箱"特征显著提高了安全风险的诊控难度，成为深基坑坍塌风险突出的个性化特征。

（4）阶段性。根据深基坑坍塌致灾机理，可明确从警源出现到事故发生的全过程可视为不稳定因素不断积聚演进的过程，在不同阶段呈现出不同的状态特征，具体体现为基坑外部变形、局部受力及异常迹象的动态演变。

（5）突变性。深基坑坍塌风险早期发展较为缓慢，但当其超过一定限度时，发展形势会急剧增强，警情可控性也随之大幅降低，甚至达到无法控制的程度。因此，对基坑坍塌风险的预警诊控应致力于前期控制，并尽可能避免安全风险发展为不可控状态。

（6）连锁性。若未能及时对基坑坍塌风险进行有效防控，则随着风险状态的不断发展，易导致次生或衍生灾害，进而形成连锁反应，严重时可能出现间接损失远高于直接损失的情形。连锁性说明对于基坑坍塌风险的防控，一方面应注重及时有效的控制，另一方面应避免安全风险的耦合效应与连锁反应。

2　深基坑坍塌致灾机理

深基坑坍塌灾害演变过程的复杂性、动态性、隐蔽性、阶段性、突变性及连锁性等特征（1.2.2 节），成为实现对其有效预警的巨大障碍。因此，首先有必要深入剖析深基坑坍塌致灾机理，充分明确其破坏形式、致灾因素、演变过程，从而为深基坑坍塌灾害预警提供必要的依据。

2.1　深基坑坍塌破坏形式

2.1.1　破坏形式分类

深基坑工程可理解为由区域地质、开挖方式、支护体系、周边环境等共同构成且相互作用的综合系统。由于受勘察设计、地质条件、支护形式、施工过程及监管水平等众多因素的影响，使得深基坑坍塌破坏形式复杂多样。现有研究多从破坏机理角度，将深基坑坍塌破坏形式划分为强度破坏、稳定性破坏与刚度破坏，如图 2-1 所示。

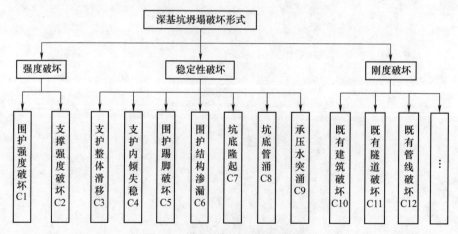

图 2-1　深基坑坍塌破坏形式分类

（1）强度破坏主要是指因设计不足或受力过大导致支护结构失去承载能力的破坏模式，支护结构多体现为变形、开裂、折断等。

（2）稳定性破坏主要是指因设计不合理、施工不规范、降排水不力及外部扰动因素等导致支护体系或坑外土体稳定性失效的综合性破坏模式。

稳定性破坏形式中，围护结构踢脚破坏、围护结构渗漏、坑底隆起、坑底管涌、承压水突涌等破坏形式，虽然并不一定会导致坍塌，但与基坑坍塌紧密关联且影响直接，因此，这些破坏形式也应纳入深基坑坍塌破坏形式的范畴。

（3）刚度破坏主要是指因土体不均匀沉降导致既有结构（建筑、道路、隧道、地下管线等）安全性受损的破坏模式。

2.1.2 事故统计分析

为进一步明确深基坑坍塌灾害的发生规律与基本特征，课题组共采集了124起深基坑坍塌灾害事故案例（案例来源：文献、网络），下面主要从破坏形式、支护类型等角度进行统计分析。

2.1.2.1 按破坏形式统计

各类破坏形式事故占比如图2-2所示，其中，围护结构渗漏占比最大，为29.72%；支护整体滑移次之，同样占比较大，为28.41%；围护强度破坏、支撑强度破坏占比较大，分别为17.39%与12.61%，上述四类破坏形式总占比达到91.30%，成为深基坑坍塌灾害最为常见的破坏形式。此外，其他类破坏形式对应的事故占比均较小，相应占比排序为：围护踢脚破坏>承压水突涌>坑底隆起>支护内倾失稳>坑底管涌。

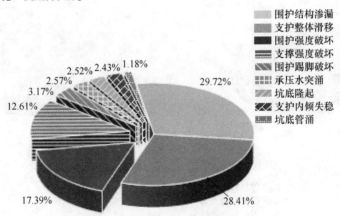

图2-2 各类破坏形式事故占比

需要强调的是，与水有关的事故总占比高达33.47%，因此，在深基坑工程开挖过程中，对地下水一定要严格进行控制。

2.1.2.2 按支护类型统计

经梳理，已采集的事故案例中支护类型可划分为8类，各类型支护相应的事故占比依次为：土钉墙（22.43%）>桩撑（20.07%）>桩（19.17%）>桩锚（14.17%）>水泥土墙（9.17%）>地下连续墙（6.69%）>墙撑（4.98%）>土钉墙+桩（3.33%）。由此可以看出，土钉墙、桩撑、桩、桩锚支护类型的事故占比较高，应严格予以控制。

在上述基础上，可进一步明确各类支护相应破坏形式的事故占比，如图2-3~图2-10所示。可以看出：（1）对于土钉墙支护，支护整体滑移占比最大，围护结构渗漏占比也相对较大；（2）对于水泥土墙支护，支护整体滑移占比最大，具体体现为土体大变形；围护强度破坏占比较大，具体体现为围护大变形；（3）对于桩支护，支护整体滑移、围护结构渗漏、围护强度破坏占比均较高，总体占比达到91.77%；（4）对于"土钉墙+桩"支护，支护整体滑移占比最大，围护结构渗漏占比也相对较大；（5）对于桩锚支护，支护整体滑移、围护结构渗漏、围护强度破坏占比均较高，主要原因在于锚索失效；（6）对于桩撑支护，围护结构渗漏占比高达37.30%，支护整体滑移、支撑强度破坏、围护强度破坏占比均较大；（7）对于墙撑支护，围护结构渗漏、围护强度破坏、支撑强度破坏、支撑内倾失稳、支护整体滑移、承压水突涌6项破坏形式占比均较大；（8）对于地下连续墙支护，围护结构渗漏高达82.50%，此类支护形式相应的水患破坏非常显著。

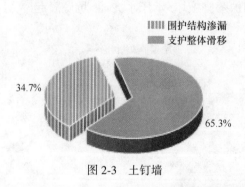

图2-3　土钉墙

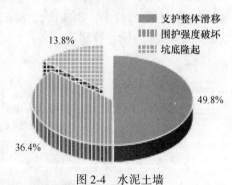

图2-4　水泥土墙

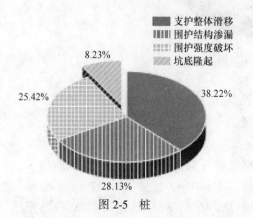

图2-5　桩

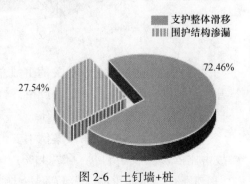

图2-6　土钉墙+桩

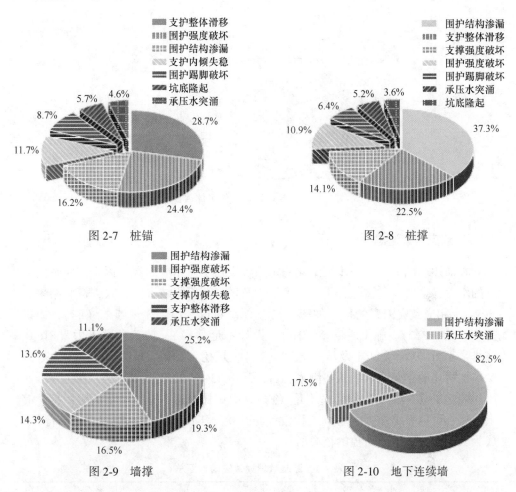

图 2-7 桩锚

图 2-8 桩撑

图 2-9 墙撑

图 2-10 地下连续墙

总体而言，（1）支护体系设计及施工质量非常关键，是深基坑开挖过程的根本性保障；（2）应充分注重地下水控制的可靠性，并严格防控与水相关不利因素的影响；（3）应有效防止开挖方案、周边环境、不利天气等对支护体系及其周边土体的不利扰动，以保证支护体系受力的合理性与稳定性。

2.2 深基坑坍塌致灾因素

2.2.1 责任主体占比

从事故责任主体角度，深基坑坍塌主要涉及建设、勘察、设计、施工 4 个责任单位，各责任主体致因占比如图 2-11 所示。其中，施工单位占比最高，为58.32%；设计单位次之，但比重较大，为24.39%；建设单位与勘察单位占比较小，分别为9.54%与7.75%。由此可以看出，设计、施工阶段相关工作不到位，是导致深基坑坍塌的主要原因。

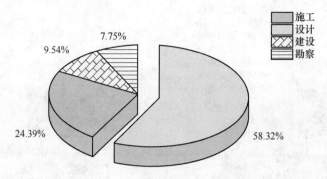

图 2-11 深基坑坍塌责任主体占比

2.2.2 致灾因素汇总

在前述基础上，进一步可细化确定出各责任主体相应的致灾因素。对致灾因素的汇总，主要通过文献分析、专家访谈及现场调研相结合的方式，汇总结果见表 2-1，相应致灾因素的排序如图 2-12 所示。可以看出，违规施工（F4）、组织管理不足（F17）、施工质量差（F7）、设计不足（F3）、监测预警不力（F16）、降排水不力（F6）、卸土及坑边超载（F8）、超挖（F10）占比较高，成为导致深基坑坍塌的主要因素，这些因素总占比高达 73%。需要强调的是，在主要因素中违规施工（F4）与组织管理不足（F17）总占比高达 31%，成为关键因素。综上分析，可以看出加强深基坑工程设计与开挖施工的科学性、规范性及有序性，成为其坍塌灾害事前防控的核心所在。

表 2-1 深基坑坍塌致灾因素汇总

因素	符号	占比/%	因素	符号	占比/%
业主干涉（O）	F1	1	恶劣天气（C）	F11	2
勘察失误（S）	F2	3	未动态调整方案（C）	F12	2
设计不足（D）	F3	8	基坑暴露时间长（C）	F13	2
违规施工（C）	F4	17	管线漏水（C）	F14	3
施工方案不合理（C）	F5	1	外界不利扰动（C）	F15	3
降排水不力（C）	F6	6	监测预警不力（C）	F16	10
施工质量差（C）	F7	8	组织管理不足（C）	F17	14
卸土及坑边超载（C）	F8	5	控制应急不足（C）	F18	3
支撑不足或违规拆除（C）	F9	4	安全意识淡薄（C）	F19	2
超挖（C）	F10	5			

注：O—建设单位；S—勘察单位；D—设计单位；C—施工单位。

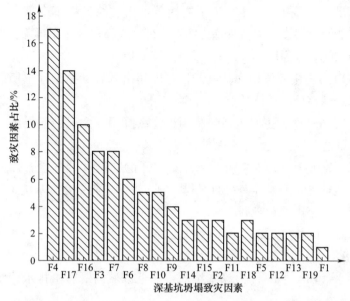

图 2-12 深基坑坍塌致灾因素占比排序

业主干涉（F1）：业主不利的干涉行为主要涉及不合理地压缩成本、催赶进度等冒进行为。

勘察失误（F2）：主要涵盖勘察深度不足，水文地质勘察不足，勘察点布置太少，勘察数据处理失误，套用资料、土压力计算失真，未进行必要勘察试验等原因。

设计不足（F3）：主要涵盖基础参数选取错误，支护形式选择不合理，支护参数设计有误等原因。

违规施工（F4）：主要涉及超挖或欠挖，擅自更改设计、施工方案，未严格控制技术参数（如测量定位、泥浆浓度、槽壁垂直度、混凝土强度等）；违规拆、支模板等违规行为。

施工方案不合理（F5）：主要涵盖基坑开挖方案不合理，施工方法采用不当，开挖程序不正确，未进行专项方案论证或专项方案论证不足等原因。

降排水不力（F6）：主要涵盖降排水方法不当，降排水设备设施性能不足，未及时排查存在的隐患等原因。

施工质量差（F7）：主要涵盖施工材料质量不合格，施工过程控制不足，施工验收工作不到位等原因。

卸土及坑边超载（F8）：主要涵盖坑外卸土深度、宽度、角度等参数设置的不合理，基坑周边建筑材料、施工机械超载等原因。

支撑不足或违规拆除（F9）：主要涵盖坑内支撑设置不合理，支撑强度不足，支撑未能及时架设，支撑拆除方案不合理，支撑违规过早拆除，拆除作业不规范产生不利扰动等原因。

超挖（F10）：主要体现为基坑开挖深度超出既有支撑条件下所能开挖的最大深度，如局部超挖、整体超挖。

恶劣天气（F11）：主要包括强降雨、连续降雨、大风、地震等对深基坑工程不利影响的恶劣天气。

未动态调整方案（F12）：体现为在基坑开挖过程中，未充分考虑异常因素、意外因素、随机扰动因素等潜在的不利影响，进而未能结合深基坑工程实际对既有施工方案做出合理的动态调整。

基坑暴露时间长（F13）：体现为基坑暴露时间超出了原定的基坑设计使用期限。

管线漏水（F14）：具体为深基坑周边邻近区域内既有给排水管线发生开裂渗漏。

外界不利扰动（F15）：主要涉及邻近施工扰动、邻近交通动载等不利因素的扰动影响。

监测预警不力（F16）：主要涵盖监测精度不足，测点设置不合理，监测系统故障，警情诊断不准确，警报发布不及时，警情控制不高效等原因。

组织管理不足（F17）：主要涵盖安全生产制度不完善，安全目标及分解不明晰，安全投入不足，安全教育培训不到位，施工安全监管不力，安全技术交底不足等组织因素。

控制应急不足（F18）：主要涵盖控制决策偏差，控制措施不力，专家论证不足，应急体系未建立，应急措施不合理等，应急预案未演练，应急资源配备不足。

安全意识淡薄（F19）：主要涵盖安全文化宣传不到位，安全奖惩措施不合理，操作人员安全意识淡薄等原因。

2.3 深基坑坍塌警情分析

2.3.1 强度破坏警情分析

强度破坏主要包括围护强度破坏与支撑强度破坏两类，二者之间关联紧密、交互影响，如图 2-13 所示。

2.3.1.1　围护强度破坏（C1）

对于围护强度破坏，其警情特征体现为：（1）围护结构变形过大；（2）围护结构出现裂缝；（3）围护结构断裂。相应的警情原因主要包括：（1）围护结构强度不足；（2）超挖；（3）坑边超载；（4）支撑不及时等。上述原因易导致土压力引起结构弯矩超过围护结构抗弯能力。

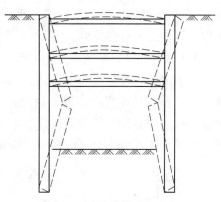

图 2-13　支护结构强度破坏

2.3.1.2　支撑强度破坏（C2）

对于支撑强度破坏，其警情特征体现为：（1）支撑压屈；（2）节点滑动、变形或破损。相应的警情原因主要包括：（1）支撑强度不足；（2）支撑间距过大；（3）支撑节点不合理等。

2.3.2　稳定性破坏警情分析

稳定性破坏主要包括支护整体滑移、支护内倾失稳、围护踢脚破坏、围护结构渗漏、坑底隆起、坑底管涌、承压水突涌等类型，各类破坏形式之间既存在共性特征，同时也存在各自相应的个性特征。

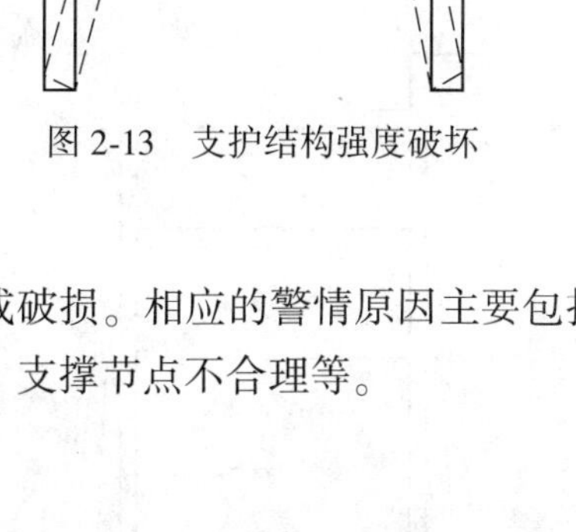

2.3.2.1　支护整体滑移（C3）

对于支护整体滑移（图 2-14），其警情特征体现为：（1）围护结构顶部向坑外位移，底部向坑内位移，且底部位移相对较大；（2）坑底土体由于受围护结构挤压，产生坑底隆起；（3）坑外地表沉陷。相应的警情原因主要包括：（1）坑边超载、围护结构自由面过大等导致支撑轴力过大；（2）支撑强度不足或连接不牢固；（3）外部因素（坑外注浆、打桩、偏载等）导致支撑产生不对称变形。

图 2-14　支护整体滑移

2.3.2.2　支护内倾失稳（C4）

对于支护内倾失稳（图 2-15），其警情特征为：（1）围护结构顶部向坑内产生较大位移；（2）由于围护结构变形挤压，使结构前土体产生隆起。相应的警情原因主要包括：（1）由于坑边超载，围护结构自由面过大等导致支撑轴力过大；（2）支撑强度不足、连接不牢固或外部因素（坑外注浆、打桩、偏载等）导致支撑产生不对称变形。

2.3.2.3 围护踢脚破坏（C5）

对于围护踢脚破坏（图 2-16），其警情特征为：（1）围护结构顶部向坑外位移；（2）围护结构底部出现上翻趋势；（3）踢脚处土体隆起。相应的警情原因主要包括：（1）围护结构嵌固深度不足；（2）坑底土质差；（3）被动土压力小，导致墙后土体推动围护结构底部向基坑内产生位移，进而导致支护体系失稳。

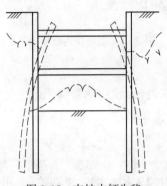

图 2-15 支护内倾失稳

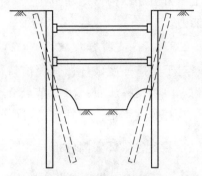

图 2-16 围护踢脚破坏

2.3.2.4 围护结构渗漏（C6）

对于围护结构渗漏（图 2-17），其警情特征为：（1）围护结构开裂或接缝处出现泥砂涌向坑内；（2）墙后逐渐形成空洞，导致地表塌陷；（3）围护结构顶部向塌陷侧位移；（4）两侧墙体均向空洞侧倾斜。相应的警情原因为：在饱和含水层（尤其是砂层、粉砂层及其他具有良好透水性的地层），由于围护结构开裂，止水效果不佳或失效，致使大量泥砂涌入基坑。

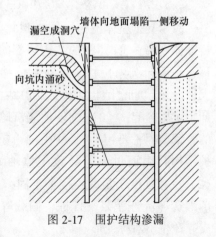

图 2-17 围护结构渗漏

2.3.2.5 坑底隆起（C7）

对于坑底隆起（图 2-18），其警情特征为：（1）坑底隆起变形较大；（2）围护结构底部向基坑内位移较大；（3）坑外地表沉降或塌陷。相应的警情原因为：坑边超载或基坑内外压力差，使围护结构与坑外土体在不平衡力作用下向基坑内移动，对坑内土体侧向推挤，并逐渐由弹性隆起发展为塑性隆起。

2.3.2.6 坑底管涌（C8）

对于坑底管涌（图2-19），其警情特征为：（1）坑底隆起并伴有水流渗出；（2）围护结构附近出现涌水涌砂，底部向坑内位移；（3）坑外地表沉降或塌陷。相应的警情原因主要包括：（1）止水帷幕嵌固深度不足；（2）止水帷幕较深位置存在缺陷；（3）降水失效；（4）坑底土层抗渗性差。由于上述原因，在渗流作用下土体颗粒逐渐流失，形成管状通道，并不断涌水涌砂。

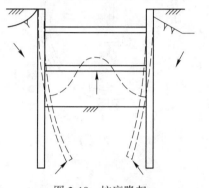

图 2-18 坑底隆起

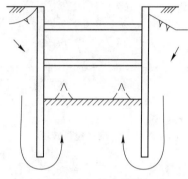

图 2-19 坑底管涌

2.3.2.7 承压水突涌（C9）

对于承压水突涌（图2-20），其警情特征为：（1）坑底隆起；（2）涌水涌砂；（3）严重时，可能导致围护结构失稳、立柱倾斜；（4）土体滑移。相应的警情原因主要包括（基底下方有承压水层）：（1）止水帷幕嵌固深度不足或抗渗性较差；（2）减压措施不力或失效。由于上述原因，导致基底土层无法承受水头压力，引致地下水冲破基底，产生突涌破坏。

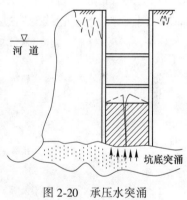

图 2-20 承压水突涌

2.3.3 刚度破坏警情分析

2.3.3.1 既有建筑破坏（C10）

对于既有建筑破坏（图2-21），其警情特征为：建筑不均匀沉降、开裂、倾斜。相应的引致原因为：由于围护结构变形过大、坑外水土流失、周边地表沉陷等警情原因，导致既有建筑地基产生不均匀沉降，进而引致既有建筑结构安全性受损。

2.3.3.2 既有隧道破坏（C11）

对于既有隧道破坏（图2-22），其警情特征为：（1）隧道结构隆起、下沉、侧移；(2) 管片开裂、渗漏、破损、错台；(3) 管片接头变形、渗漏。相应的引致原因为：由于土体稳定性下降、土体加固不足等警情原因，导致既有隧道结构受力失衡，进而引致隧道结构安全性受损。

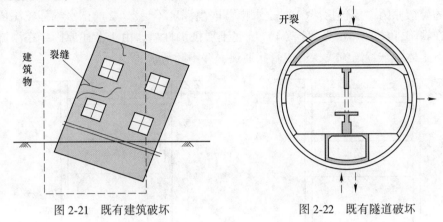

图 2-21　既有建筑破坏　　　　　图 2-22　既有隧道破坏

2.3.3.3　既有管线破坏（C12）

对于既有管线破坏（图 2-23），其警情特征为：管线变形、开裂、断裂、泄漏。相应的警情原因为：由于围护结构变形过大、坑外水土流失、土体不均匀沉降等原因，导致既有管线变形过大或破坏。

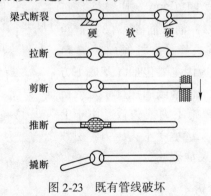

图 2-23　既有管线破坏

2.4　深基坑坍塌致灾机理

2.4.1　致灾机理提炼

在前述基础上，进一步从全局视角系统性提炼深基坑坍塌致灾机理。首先，通过文献分析、问卷调查、专家访谈等方式，明确了致灾因素、破坏形式、警情控制之间的关联关系；然后，在梳理致因路径的基础上，设计形成深基坑坍塌致灾机理示意图，如图 2-24 所示。

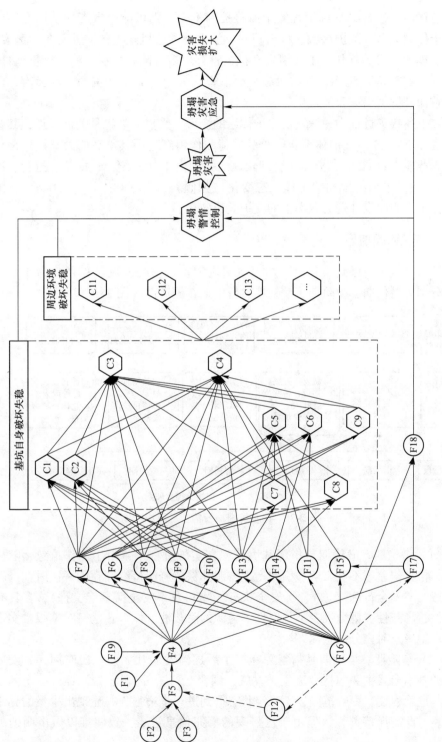

图2-24 深基坑坍塌致灾机理

总体而言，若深基坑工程安全风险控制不力，则可能引致支护结构变形受损、土体大变形、围护渗漏、坑内积水、涌水涌砂等风险事件，进而在"激发、发展、耦合"等关联作用下，引发支护失稳、地表沉陷、地层失稳等严重事件，并对周边建（构）筑物、基础设施、地下管线等产生非常严重的不利影响，由此导致深基坑坍塌灾害的发生。

在上述致灾过程中，深基坑支护体系的变形、受损、失稳是关键节点，其核心机理在于：（1）支护体系实际承受的荷载作用超过了其承载能力，特别是稳定性承载能力；（2）支护体系受到较大的扰动作用（如侧力、扯拉、扭转、冲砸等），或产生超出预期的工作状态变化（如倾斜、滑移和不均匀沉降等），由此导致了在非原设计受力状态下的支护失稳破坏。

2.4.2 警情阶段划分

结合深基坑坍塌致灾机理，本书将坍塌灾害警情的发展过程划分为 5 个阶段，分别为潜伏期、孕险期、警初期、警中期、警后期（图 2-25）。

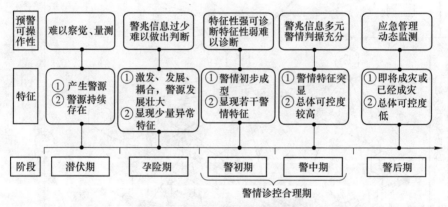

图 2-25 深基坑坍塌警情发展阶段

（1）潜伏期。潜伏期是指深基坑工程在实施过程中，由于工作疏忽、随机扰动、信息偏差等不利影响，引致产生警源并保持警源持续存在的一段时期。警源一般为不安全行为（人）、不安全状态（物）及不安全信息（文件），多具有危害性、隐蔽性、耦合性及不稳定性。警源的隐蔽性，使得在这一时期很难实现对既存隐患及时充分的量测。

（2）孕险期。孕险期是指警源在产生后逐渐发展壮大的一段时期，其发展过程的基本形式主要包括"激发、发展、耦合"。这一阶段，警源经过一定的发展，其危险程度、影响范围、不稳定状态得到进一步增强，并显现出少量的异常征兆。对此需保持警惕，但由于已显现的警兆信息过少，致使难以做出明朗的判断。

（3）警初期。警初期是指在孕险期后，警情风险已初步成型，并逐渐显现出若干警情特征的一段时期。这一阶段，已能够察觉或量测到若干异常征兆，对于警兆组合相对简单、特征性较强的警情类型，可做出相对准确的诊断，能够及时采取矫正控制措施；对于警兆组合相对复杂、特征性不强的警情类型，仍不足以做出警情诊断，需保持警惕并加强观测。

（4）警中期。警中期是指警情发展到一定程度，其状态特征较为突显、总体可控度较高的一段时期。这一阶段，警情特征较为丰富，能够更加多元化地体现当前警情的状态特征，从而为警情诊断提供充分的数据支持。需要强调的是，这一阶段是预警诊控的关键阶段，应尽早挖掘特征信息、诊断警情类型、实施矫正控制；若预警诊控不力，则易导致警情发展进入警后期，从而错失对警情有效防治的关键界限。

（5）警后期。警后期是指警情发展程度较为严重，即将成灾或已经成灾、总体可控度较低的一段时期。这一阶段，有必要充分论证警情严重程度、可控程度及控制成本，并高效及时地实施人员疏散、应急防控、抢险救援、灾害减损等应急管理措施，尽最大可能保证人身安全并防控止损。

3　安全预警理论基础

经梳理与分析文献，发现现有相关研究缺乏对预警基础的系统性总结，尤其是缺乏对预警概念的统一界定；同时，根据深基坑坍塌致灾机理（第 2 章），以往传统、固定、单一的监测预警方式，难以有效应对灾害演化过程的复杂性、动态性、隐蔽性及突变性，是当前深基坑坍塌灾害未取得良好管控效果的关键所在。本章主要系统性阐释预警概念、本质特征、内涵要素、基础功能及理论体系。

3.1　安全预警发展历程

3.1.1　预警起源

"预警"（early warnning）最早出现于军事领域，是指通过预警雷达、预警卫星等工具来提前发现、分析、判断敌人的信号，并把这种信号的威胁程度及时报告相关指挥部门，以预先采取必要的应对措施。

3.1.2　预警发展现状

随着预警研究技术的逐步成熟，安全预警技术开始从国家领域向企业领域扩展，20 世纪 80 年代，美国开始对企业危机管理进行预警研究。同时期，我国佘廉教授作为国内研究预警管理较早的学者之一，首次提出了企业走出逆境的管理理论，并编写了对预警管理理论研究起到了阶段性的成果丛书《企业预警管理》。

20 世纪 90 年代初，日本开始对企业危机预警管理进行研究，并制定了危机发生后的预警体系及应急方案。同时期，英国、美国、德国、日本等国家对安全预警理论及其关键技术加大研究投入，建立了较为完善的安全生产预警体系。

我国对安全生产预警理论的研究相对较晚，但发展迅速且已取得较为丰富的研究成果。随着安全预警理论的发展，许多专家学者将安全预警技术应用于建筑、水利、铁路、采矿、冶金、港口、公共安全等工程领域，现已成为各行业危机管理或灾害防治的重要组成部分。

3.2　安全预警内涵解析

3.2.1　概念界定

"预警"一词,《辞海》中对其解释为"事先觉察可能发生某种情况的感觉";维基百科对其解释为"危险出现前的警报,目的在于尽可能多的为决策提供时间,并减少损失"。

根据《建筑深基坑工程施工安全技术规范》(JGJ 311—2013),安全预警被定义为:在基坑工程施工中,通过状态监测,对可能引发安全事故的征兆所采取的预先警示及事前控制,采取时机提示的技术措施。

此外,已有研究对预警做出了不同定义,黄小原等认为预警是指对某种状态偏离预警线程度强弱的预测以及发出预警信号的过程;乔剑锋认为预警是根据相关历史经验总结的规律,通过监测得到事故可能性前兆,以避免事故在不知情或准备不足的情况下发生,从而达到最大程度减少损失的目的;乔国厚认为预警是利用现代化工具与技术手段,在安全生产相关信息采集的基础上,通过评估、审核、整理及分析,确定评估结果并采取相应对策。

总体而言,早期对预警的功能要求仅为警情预报,预警被定义为对某种状态偏离预警线强弱程度的描述以及发出预警信号的过程,是一个识别错误、诊断警情、预先报警的过程。之后,随着研究的深入,警情控制被纳入预警的范畴,即在警情预报的基础上增加了偏离状态矫正、突发应急管理等功能。

(1)基于前述定义,本书将"预警"(early warning)定义为:根据客观规律与先验知识,通过对警兆的动态监测、预测及综合诊断,在明确警情态势的基础上,及时发布警报并防控止损的一系列活动。

(2)进一步结合深基坑工程实际,深基坑坍塌预警可定义为:根据深基坑坍塌灾害的风险类型与致因机理,通过对预警指标的动态监测、预测及综合诊断,在明确深基坑坍塌态势的基础上,及时发布警报并防控止损的一系列管控活动。

需要说明的是,由于风险因素的不确定性,并没有百分之百绝对的安全状态,一般所说的安全状态是指生产过程整体上处于稳定、有序、合理的运行状态,但其中亦存在较为隐蔽的不稳定因素,是相对的安全状态,若存在的不稳定因素较少,则属于偏安全状态;若存在的不稳定因素较多,但尚未发生安全风险事件,则属于预警状态。

3.2.2　本质特征

基于上述定义,本书认为预警的本质特征体现在预先性、警告性、防控性及信息性4个方面，如图3-1所示。

图 3-1 预警本质特征

（1）预先性。预先性反映了预警的时间要求，即在危险发生前应具备合理的诊控时间，以保障预警相关机制得以有效开展。

（2）警告性。警告性反映了预警的功能要求，即应及时将警情信息快速准确地告知相关主体，以共同做好警情应对准备工作。

（3）防控性。防控性反映了预警的目标要求，即预警的核心目的在于实现对潜在警情的有效防控，所以除警情预报外还应采取必要的防控措施。

（4）信息性。信息性反映了预警的运行要求，即预警全过程依赖于安全信息的传递与处理，所以从信息技术角度可将其视为一种信息反馈处理机制。

3.2.3 内涵解析

根据安全预警的概念与本质特征，可进一步明确其内涵主要体现在预警目标、预警指标、科学预测、警情控制、信息管理5个方面：

（1）预警目标。预警目标应具有规律性、积累性及过程性。从警兆出现到事故发生的过程中，目标状态应具有一定的演变规律与合理的诊控时间。

（2）预警指标。客观规律与先验知识是安全预警的必要前提。预警指标的设定应以客观规律与先验知识为基础，主观经验或未经验证的假设均易导致警情诊断偏差。

（3）科学预测。科学预测是安全预警的关键支持。预警是对未来可能发生危险的预先警报，所以科学预测是警情诊断的重要前提。

（4）警情控制。有效防控是安全预警的核心目的。预警的防控性要求在警级确定的基础上，应明确警情原因与既存隐患，以利于及时合理地进行控制决策。

（5）信息管理。信息管理是安全预警的运行基础。信息管理预警全过程具有高度的信息依赖性，因此，科学适用的信息技术成为保证预警效果的重要支撑。

3.2.4 基础功能

在实际生产活动中，对安全预警的功能需求主要包括安全预防、动态监测、警情预报、矫正控制、灾害应急、警情免疫、信息管理与可视化7项功能，各项功能之间的关联关系如图3-2所示。

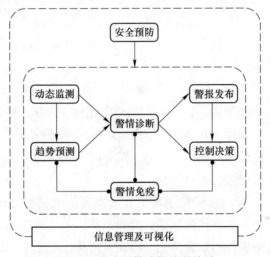

图 3-2　安全预警功能关联关系

（1）安全预防。我国现行安全生产方针为："安全第一，预防为主，综合治理"。因此，安全预警的首要功能是对安全风险的主动预防，即通过现行标准规范、安全管理规定、安全生产技术及安全风险分析等，对生产活动进行事前分析及预控，以充分保证整个生产过程处于有序稳定安全的状态。

（2）动态监测。由于安全风险的复杂性、隐蔽性及突发性，故要求应对生产活动的安全状态进行动态监测，通过现代化高精度的监测仪器对预警指标信息进行动态量测与采集，进而为安全态势甄别提供必要的数据信息。即动态监测功能是安全预警的基础性功能。

需要说明的是，动态监测并非是时时刻刻进行监测，而是依据生产过程中安全预警指标的重要性、灵敏性及变化规律进行监测，监测频率的设定应以能够清晰掌握安全预警指标变化趋势为准则。

（3）警情预报。警情预报功能是安全预警系统的核心任务，旨在明确生产活动的安全现状及发展趋势，在综合判别警情态势的基础上，对相关主体及时发布警报。根据警情预报功能的本质性要求，其应具有现状评估的准确性、未来趋势的预测性以及警情告知及时性。

（4）矫正控制。矫正控制功能包括两项主要任务：一是将发展到一定程度处于离轨状态的不稳定因素，通过有效的技术措施与管理措施使其回归稳定状态；二是对已经发生、尚未成灾、可控性高的安全风险事件，通过有效的处理措施阻止其继续发生，并使施工过程转为安全稳定的状态。

需要说明的是，矫正控制过程中应注意以下要点：1）采取何种矫正控制措施非常关键，若决策不力易控制无效或效果不佳，并可能导致警情恶化，甚至新警情类型的出现；2）对于当前警情的隐患因素，应全面排查、处理彻底，避免矫正控制后警情反弹，对此有必要给予一定时段的跟踪关注，确保危险态势完全稳定后方可解除警情。

（5）灾害应急。灾害应急功能是指灾害事件（可控性差、灾害性强的安全风险事件）即将发生或发生后，应立即启动应急响应机制，对危害影响范围内的人员、机械进行紧急撤离，并迅速采取有效的减缓措施或隔离措施，以最大程度降低灾害可能产生的影响与损失。同时，对撤离不及时的人员应迅速开展抢险救援工作，尽最大努力保证其人身安全。

（6）警情免疫。警情免疫功能是指安全预警系统具有记忆功能，对于已发生过的安全风险事件，能够迅速判别、准确预警，并能精准运用有效的矫正控制措施实现同类型风险事件的安全防控。即在警情免疫功能下，已发生过的安全风险事件不会再次发生。

（7）信息管理与可视化。信息管理功能是安全预警系统运行的保障性功能。安全预警系统运行过程中，需要采集、分析、存储大量数据，易出现信息超载的现象，且监测信息具有多样性、不完整性、冗余性、不确定性及因果链复杂等特点，因此，需要配备高效便捷的信息管理系统，以实现对信息的采集、加工、筛选、提炼、综合等。否则，会直接影响警情控制的效率。若错过最佳控制时机，警情的可控性由主动转为被动，则会大幅增加控制成本，并加剧警情失控的可能性。

同时，信息可视化是安全预警系统运行的润滑剂，信息可视化形式与人机交互方式成为关键。由于预警信息数据量过大，若以单纯罗列的方式呈现，则会大大降低安全管理决策的效率，对此有必要通过图形、图像、动态仿真的形式进行呈现，从而有助于安全管理者快速理解预警信息，并及时做出决策。

3.2.5 基本要素

在明确安全预警内涵的基础上，还需对相关基本要素进行说明，主要包括警源、警兆、警情、警级、警阈、警患等。

3.2.5.1 警源

警源是引起警情的根源，是生产活动中较为隐蔽的不稳定因素，一般为不安全行为（人）、不安全状态（物）及不安全信息（文件）。

通常，从"警源出现"到发展为"预警状态"的基本形式可分为三类（图3-3）：（1）警源自身发展到一定程度后进入预警状态；（2）警源在发展过程中激发新的不稳定因素，并与新因素共同发展进入预警状态；（3）警源发展后，与已有不稳定因素耦合，共同进入预警状态。实际预警状态的产生过程，大多为上述各类基本形式的多样组合。

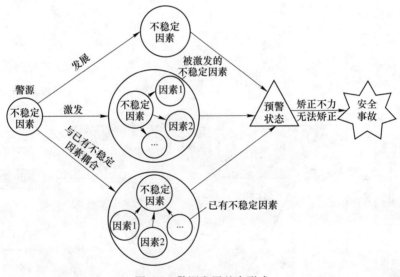

图 3-3 警源发展基本形式

3.2.5.2 警兆

警兆是警情爆发前的先兆，是警源发展到一定程度预先显露出来的，能够被察觉、量测且有规律可循的异常变化迹象。需要说明的是，警兆的确定应基于客观规律与先验知识，其自身应具有先导性、灵敏性及可观测性。

3.2.5.3 警情

警情是警源发展到一定阶段形成的负面状态。从实际需求角度，警情应包括时空定位、风险类型、警情等级、状态描述及发展趋势等关键信息。

3.2.5.4 警级

警级是警情严重程度的量化表示，用以反映当前状态与安全事故的接近程度。通过警级划分，有利于决策者快速直观地掌握警情严重程度，从而高效地采取防控措施。

根据警级设定方式，安全预警可分为单级预警与多级预警两类。其中，单级预警具有较强的警示性，相较多级预警其虚警情况较少，但可能产生警情控制难度过大或无法控制的情形；多级预警则是通过多个警级来反映预警状态，相较单级预警更具灵活性与适用性，但需注意各警级相应预警区间的合理性，否则易导致警情诊断偏差或虚警频发等问题。

3.2.5.5 警阈

警阈作为衡量警级的重要标尺，是指达到某级别预警状态的警限值，如图3-4所示。通过警阈设定，可明确各警级相应的预警区间，从而能够为警情量化表示提供统一的参照标准。

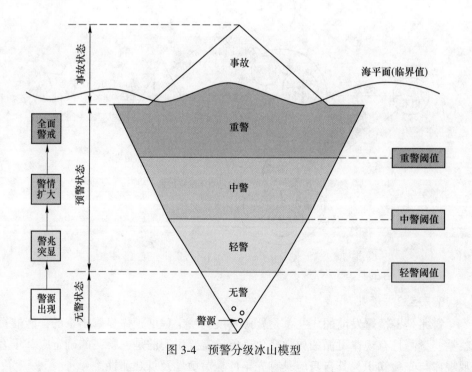

图3-4 预警分级冰山模型

3.2.5.6 警患

警患是指当前警情下既存的安全隐患。警患的全面排查与及时消除，是有效控制警情并防止损失扩大的重要措施。

3.3 安全预警理论体系

预警作为一门新兴的交叉学科，总体而言具有较强的综合性与相对独立性。通过对已有文献的系统性梳理，本书将预警支持理论划分为基础性理论与指导性理论两大类。其中，基础性理论主要包括系统论、控制论、突变论、信息论等基础架构理论；指导性理论主要包括事故致因理论、系统非优理论、失败学理论、决策论等应用指导理论，具体如图 3-5 所示。

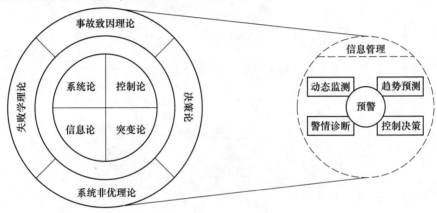

图 3-5　预警理论体系

3.3.1 基础性理论

3.3.1.1 系统论

系统论由美籍奥地利学生物学家贝塔朗菲提出，该理论将系统定义为：由若干要素以一定结构形式联结构成具有某种功能的有机整体，其基本思想是从全局角度研究系统整体以及系统内部各要素间的相互关系，并从本质上说明其结构、功能、行为和动态，进而通过系统整体把握实现最优目标。系统一般具有整体性、关联性、目的性、动态性及时序性等基本特征（图 3-6）。

同理，安全预警系统是由动态监测、趋势预测、警情诊断、控制决策及信息管理等模块共同构成的有机整体，系统内部通过对各模块的有序衔接，以协同实现对安全风险预警防控的目的。故此，基于系统论对安全预警系统进行构建，有助于优化系统各模块之间的协同关系，从而保证系统目标的实现与运行的稳定性。

3.3.1.2 控制论

控制论由美国数学家维纳提出，是研究系统内部控制与通信一般规律的学科，着重于研究过程中的数学关系，其核心理念是研究动态系统如何在环境改变条件下保持平衡或稳定状态的科学（图 3-7）。

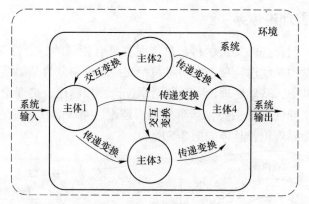

图 3-6   系统与环境交互示意

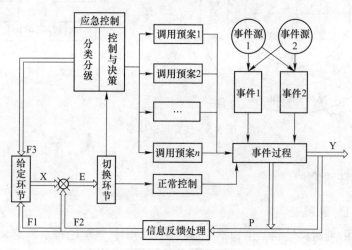

图 3-7   系统控制基本流程

安全预警是以生产过程的安全状态为控制对象，通过动态监测获取安全信息，并在警情诊断的基础上，采取控制措施以确保其处于安全状态范围内的一系列反馈控制活动。

3.3.1.3   突变论

突变论由荷兰植物学家和遗传学家德弗里斯提出，该理论认为系统所处的状态可用一组参数描述，当系统处于稳定状态时，标志着该系统状态的某个函数取唯一值；当参数在某个范围内变化，即函数有不止一个极值时，系统必然处于不稳定状态（图 3-8）。

据此可明确，安全事故发生前的状态即为不稳定状态，如何对不稳定状态进行界定并有效预测成为安全预警应解决的关键问题。

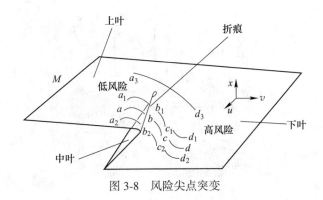

图 3-8　风险尖点突变

3.3.1.4　信息论

信息论由美国数学家香农提出，是运用概率论与数理统计的方法研究信息、信息熵、通信系统、数据传输、密码学、数据压缩等问题的应用数学学科（图 3-9）。

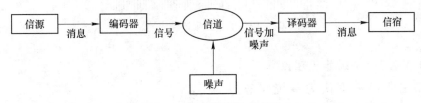

图 3-9　信息传递基本流程

从广义视角，预警可视为一种信息反馈处理机制，必须通过信息采集、处理、传递、存储、分析、融合及可视化等信息技术，方能满足安全预警系统运行的基本需求。换言之，安全信息及相关信息技术贯穿于安全预警的全过程。

3.3.2　指导性理论

3.3.2.1　事故致因理论

事故致因理论是通过大量事故调查与分析，在阐明事故成因、致因路径及危害损失的基础上，提炼事故致因机理并指导防控实践的综合性理论，该理论已成为现代事故调查与防控的必要依据。目前，国内外众多学者从宏观、中观、微观视角研究形成了 50 多种事故致因模型，为安全事故防控体系建设、组织管理及技术应用等提供了丰富的理论支撑。事故因果连锁示意如图 3-10 所示。

根据预警定义可知，科学预警的前提在于对客观规律与先验知识的掌握。因此，事故致因理论是安全预警的重要前提，通过事故致因机理的提炼与掌握，能够为警情分类、警兆提取、特征描述、隐患排查等诸多工作提供必要的理论依据。

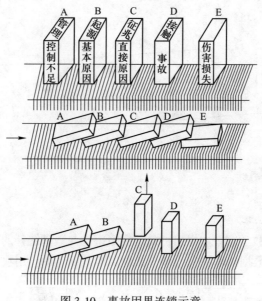

图 3-10 事故因果连锁示意

3.3.2.2 系统非优理论

系统非优理论认为系统状态具有"优"和"非优"两种界线,"优"包括优和最优,"非优"包括失败或不好的过程和结果。该理论认为任一系统并非始终在"优"的状态下运行,而是多徘徊于"非优"的范畴,即大部分情况下,系统的核心目的在于防止进入"非优"状态或采取措施使其脱离"非优"状态(图 3-11)。

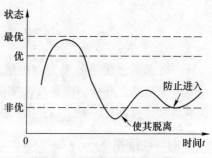

图 3-11 系统非优状态示意

同理,安全预警的目的是充分防止生产过程贴近危险状态或进入危险状态,因此,其控制理念与系统非优理论一致。

3.3.2.3 失败学理论

失败学理论是在管理学基础上,以失败案例为研究重点,通过总结归纳等方式以有效辅助决策或预测的管理学科(图 3-12)。狭义失败学主要为失败经验的总结,广义失败学还包括"逆商学、误区学、预警学、危机管理学"等研究领域。

安全预警即是在事故致因机理、警情诊断偏差、控制决策失误、无效策略分析等失败经验的基础上,进行当前安全风险的预警防控,这与失败学理论相一致。

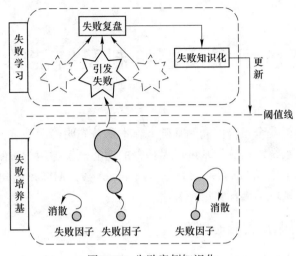

图 3-12 失败案例知识化

3.3.2.4 决策论

决策论是为达到预期目的，从多个可选方案中选取最优或满意方案的理论。安全预警主要涉及监测方案、警情诊断、矫正控制、应急管理等诸多关键性决策问题，因此，科学的决策过程及结果是实现安全风险有效防控的充分保证(图 3-13)。

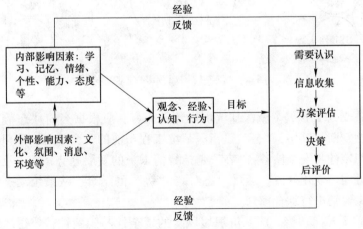

图 3-13 目标决策基本流程

4 深基坑坍塌预警机制及智能诊控方法

在第 3 章剖析安全预警内涵的基础上，本章首先明确深基坑坍塌预警的核心理念，然后据此系统性构建深基坑坍塌预警的功能框架与运行机制，最后从智能信息技术（artificial intelligence information technology，AIIT）的角度，提出一整套科学适用的深基坑坍塌预警诊控方法。

4.1 深基坑坍塌预警核心理念

根据坍塌致灾机理（第 2 章）与安全预警的含义（第 3.2.1 节），本章进一步提炼得出深基坑坍塌预警的六大核心理念——"态势综合、特征导向、风险关联、分区诊断、规范实证、定性定量"，如图 4-1 所示。

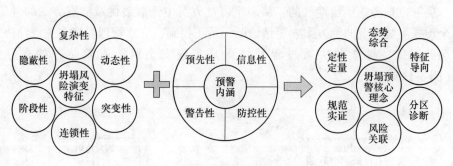

图 4-1 深基坑坍塌预警核心理念

（1）态势综合预警。就深基坑坍塌预警而言，应根据当前"态势"对警情做出综合性判断。其中，"态"是指深基坑工程当前的安全状态，用以反映深基坑总体的稳定性与安全储备；"势"是指警情未来的发展趋势，用以反映安全风险的发展方向与变化速度。通过"态"与"势"的结合，从系统动态的角度对深基坑坍塌警情进行综合预判。

（2）特征导向预警。深基坑坍塌风险的复杂性与隐蔽性，使得风险初期难以直观确定警情类型与引致原因。鉴于此，以风险特征为导向的预警方式尤为必要。通过对警情个性特征的提炼，有利于提高风险初期警情诊断的辨识能力，从而有效实现关口前移。

（3）分区诊断预警。目前，已有研究多侧重于预警指标及诊断方法的建立，但较少考虑警兆之间的空间关联性。从系统论角度，安全风险从风险源出现到事故发生的全过程均处于一定的空间范围内。因此，基于网格化管理理念，本书认为有必要对深基坑工程进行合理分区，进而在各分区警情诊断的基础上，综合确定深基坑工程总体的安全态势。

（4）风险关联预警。由前述深基坑坍塌致灾机理可知，安全风险在发展过程并非是单一独立的。安全风险的连锁性以及风险之间的耦合性，使得警情诊断时有必要充分考虑风险事件之间的关联关系，即较小的风险事件可作为后续较大风险事件的警兆。

（5）规范实证预警。为提高安全预警的有效性，有必要通过实证分析不断优化致灾机理与监测预警技术；同时，为保障安全预警的可靠性，有必要形成规范有序的预警机制与方法体系。因此，规范性研究与实证性研究的有机结合，是充分保证深基坑坍塌预警效果的关键途径。

（6）定性定量预警。结合深基坑工程实际，可明确其安全预警相关信息兼具模糊性、高精度性及不确定性，因此，定性分析与定量分析的结合，能够良好满足安全预警的实际需要，既能表明安全风险的性质与关系，又能反映安全风险的程度与态势，从而有利于更加准确地进行警情综合诊断。

4.2 深基坑坍塌预警研究综述

4.2.1 深基坑坍塌预警研究现状

4.2.1.1 深基坑变形预测研究现状

目前，已有的对深基坑变形预测的研究主要包括两大类：一类是围绕深基坑变形机理的研究，多是在监测数据基础上对基坑开挖过程变形规律进行归纳与总结；另一类是围绕深基坑变形预测方法的研究，主要包括数值仿真、数据挖掘等贴近深基坑变形规律的分析方法。

A 深基坑变形机理研究

国外对于深基坑变形机理的研究较早，20世纪60年代初，科学研究者将测量仪器应用于奥斯陆和墨西哥城软黏土深基坑的变形监测，采集到大量实时监测数据，从而有效提高了基坑变形预测的精确性。同时期，Peck通过对大量基坑工程监测数据的统计分析，总结出由基坑开挖引起地表沉降的经验公式，之后此种基坑变形研究方法被广泛使用和借鉴。Kung（2007）基于大量基坑工程的类比研究，发现基坑开挖深度为关键影响因素，土体特性、支撑结构形式及参数取值、深基坑自身几何性质、土壤物理性质与支撑性能等因素也会对围护结构的应力应变产生不同程度的影响。Lam等（2014）通过研究得出基坑支护结构、基坑侧壁刚度、基坑开挖形状等因素对周边地表变形的影响关系。

我国对于深基坑变形机理的研究起步较晚，主要是在改革开放之后，随着大中型城市的飞速发展，深基坑工程安全事故愈益突显，相应安全问题逐渐受到重视，现已取得较为丰硕的研究成果。张建新等（2012）研究发现逆作法深基坑围护墙体的形状随基坑开挖深度变化逐渐接近于"弓形"，当开挖深度大约为开挖面 1/3 时将出现最大位移。李佳宇等（2013）基于工程案实例研究表明，坑角部位的建筑物呈现三维不均匀沉降变形，且坑角周围建筑物与基坑周围土体位移存在密切相关关系。陈昆（2016）结合工程监测数据与数值分析，得出在土体卸荷时基坑周边土体应力应变的变化规律。

综上所述，目前对深基坑变形机理的研究主要集中于区域经验、变形特征、发展趋势、时空效应、影响分区等方面，并通过大量统计分析明确了岩土性能、基坑深度、支护类型、开挖方式、周边环境等因素对基坑变形的影响规律。同时，随着岩土力学与数值分析等基础理论的发展，使得深基坑变形机理的研究方式更具灵活性与经济性。

B　深基坑变形预测方法研究

对于深基坑变形预测方法的研究主要依赖于监测水平、预测理论及信息技术的发展。早期主要通过人工测量进行监测，由于观测精度有限且预测方法单一，所以总体预测效果较为粗略。此后随着相关理论（岩土力学、预测理论、智能算法等）与技术（监测仪器、传感器、无线传输设备等）的快速发展，深基坑变形预测精度也随之不断提升。经文献梳理，既有深基坑变形预测方法可分为两大类，一类是基于土体固结压缩原理，通过仿真分析对深基坑变形进行预测，主要包括经验公式法、数值分析法等；另一类则是从时序分析角度对监测数据的隐含规律进行挖掘，并由此构建与之匹配的动态预测模型，主要包括灰色系统、时间序列、神经网络等数据驱动方法。

国外早在 1951 年，Terzaghi 提出了一种总应力方法，可提前预测基坑稳定性和支撑所受载荷的大小，这项理论之后得到学术界广泛认可，并被很多学者不断优化。Leu（2004）运用人工神经网络建立了深基坑工程周边地表沉降的预测模型，能够合理预测深基坑开挖引起的地表最大沉降量与位置。Demenkov 等（2016）基于某地铁车站深基坑工程提出了一种预测基坑开挖过程中应力应变的方法。

自 20 世纪 90 年代起，我国开始注重对基坑变形预测方法的研究，现已取得较为丰硕的研究成果。袁金荣等（2001）阐明了神经网络非线性、自适应性、学习性的特点，并由此提出基于时间序列的神经网络对基坑变形进行预测的方法。徐洪钟等（2011）提出了基于最小二乘支持向量机（LS-SVM）构建的预测模型，经对比分析表明该方法预测效果良好。

综上所述，经过长足的研究与发展，现已形成多样、高效且相对适用的深基坑变形预测方法体系。就预测效果而言，由于地质条件的差异性与基坑工程的复杂性，使得经验公式法、数值分析法等难以精确反映深基坑工程实际，故此多应用于基坑工程设计及优化等相关工作；而随着智能算法与信息技术的飞速发展，基于数据驱动的预测方法相应精度不断提升，且具有更好的适用性与灵活性，已逐渐成为深基坑变形预测方法的研究热点。

4.2.1.2 深基坑警情诊断研究现状

由于深基坑致灾机理的复杂性与灾害形式的多样性，使得警情诊断成为安全预警的关键性环节，经文献梳理已有研究可分为两大类：一类是在致灾机理及安全风险分析的基础上，对深基坑施工安全预警指标的研究；另一类是结合深基坑工程实际与数学模型分析，对深基坑施工安全警情诊断方法的研究。

A 深基坑坍塌预警指标研究

国外对于深基坑施工安全预警指标的研究多是在大量工程调研的基础上，对施工过程安全风险因素的识别、提炼与分类，并最终形成系统适用的预警指标体系，总体而言较为全面且易于理解。Kojima 等（2003）基于 23 个近接既有隧道深基坑工程的监测数据进行分析，结果表明隧道外径、土体刚度、基坑宽度、衬砌刚度以及土层参数值是影响既有隧道变形的主要因素。Osama 等（2008）分析了深基坑工程的风险因素，提出了一种安全风险识别与控制方法，并通过大量实践进行验证。

我国对于深基坑坍塌预警指标的研究，主要集中于基坑致灾机理、指标确立原则、指标提取方法及变形控制标准等方面，且更加注重预警指标的系统性以及指标之间的关联性。郑荣跃（2011）基于宁波轨道交通建设工程的 14 个深基坑工程，通过数值分析与实测对比提出了监测预警的指标体系。陈伟珂（2013）等采用 WBS-RBS 及关联规则，甄选提取出一套地铁车站施工安全预警指标体系。

综上所述，国内外围绕深基坑预警指标体系的建立已开展大量研究工作，通过对比发现虽然不同预警指标体系之间虽有一定的差异，但总体而言具有共同的一致性，说明对于预警指标含义及性质的理解正逐渐趋于一致，为进一步构建更加系统、合理及适用的预警指标体系奠定了良好的基础。

B 深基坑坍塌诊断方法研究

国外对于深基坑警情诊断方法的研究主要以风险管理理论为基础，并侧重于对深基坑施工过程安全风险的等级划分、参照标准、评估方法及流程等方面，总体形成了相对系统全面且可操作性较强的安全风险评估工具。Finno（2002）通过分析基坑开挖对周边建筑的影响，提出了基于周边建筑物裂缝情况对基坑开挖施工进行风险诊断的方法。Choi（2008）等通过对基坑工程风险评估理论、方法及模式的研究，提出了风险检查表、模糊风险分析模型、风险信息监测表等风险评估工具。

国内对于深基坑警情诊断方法的研究主要侧重于方法改进层面，多是在安全风险特征及演化机理的基础上，与相关理论或数学模型的结合，现有诊断方法包括事故树、故障树、前馈信号（Near-Miss）、风险集中度、模糊综合评价、人工神经网络等。吴伟巍（2010）针对深基坑工程建立了一套基于前馈信号危险源实时监控体系及安全风险预测模型。丁烈云等（2012）针对复杂环境下地铁施工安全风险预警，提出了信息融合与时空耦合的预警方法，能够有效支持动态定位与跟踪。王乾坤等（2018）针对传统预警信息分析处理过程中存在的单指标评判、人为随意决策、不同指向的信息错误组合等问题，提出了基于T-S模糊神经网络的多信息融合模型，并通过工程实例验证了预警模型的可行性与适用性。

综上所述，目前对深基坑警情诊断方法的研究已取得较为丰硕的成果，从理论层面实现了深基坑工程与风险评估理论及方法的有效结合，而如何提升施工安全预警的准确性，并充分避免虚警或漏警，已成为当前的研究热点与难点。同时，众多学者认为提升诊断准确性的关键在于如何有效处理深基坑工程海量的预警信息，因此，将信息技术与安全预警相结合，以形成更加先进适用的警情诊断方法，成为该领域新的研究方向。

4.2.1.3 深基坑安全控制研究现状

安全预警的目的在于控制，而非诊断。因此，在警情诊断基础上，有必要结合警情实际有针对性地采取安全控制措施，以及时排除隐患并防止损失扩大。经文献梳理，对于深基坑施工过程安全控制的研究可分为两大类：一类是对于可控性较高的坍塌警情，主要采取矫正控制措施；另一类是对于可控性较低的危急状况，立即采取应急响应机制并启动预案。

A 深基坑坍塌矫正控制研究

对于深基坑坍塌警情的矫正控制，通常采用隔离或补偿注浆等矫正控制措施。隔离主要是对已出现不利影响并可能继续扩大的局面，通过隔离措施阻断其影响路径，从而及时止损的控制措施；补偿注浆则是对功能不足或受损的土体、结构，通过注入速凝浆液补偿应力损失，以防止因安全性劣化发生破坏。由于补偿注浆法施工简单快速，且控制效果及时显著，目前在世界范围内已得到广泛应用。

目前，国外相关研究主要集中于注浆原理、过程机理、控制效果、仿真模拟及实施效率等方面。Komiya等（2001）研究表明注浆通常可分为压密注浆与劈裂注浆两个阶段，在松散砂土中易出现压密注浆，而低黏度高流动性的浆液则易出现劈裂注浆。Masini等（2014）研究表明注浆凝固后对竖直方向与水平方向具有补偿作用，并发现利用注浆措施可补偿水平向应力损失，从而达到对地下建筑物水平位移控制或纠偏的目标。

国内对于深基坑施工安全矫正控制的研究，多是基于大型深基坑工程实例，结合其施工过程中出现的问题，对相应控制措施及关键参数进行研究与分析，并通过控制效果验证设定方案的有效性。在城市化进程高速发展背景下，我国已积累了相当丰富的工程经验，并取得了较为丰硕的研究成果。翟杰群等（2010）研究发现能减小基坑周边土体位移的效果的隔离桩必须穿越过主要土层滑动面。葛双成等（2011）基于某深基坑工程注浆实例，发现雷达探测结果可用于指导注浆过程的实施，补救注浆可达到较好止水的目的。

综上所述，已有研究通过工程实践与实测分析，积累了较为丰富的控制经验。其中，隔离措施能够有效起到水平和竖向隔断作用，在提高基坑稳定性的同时，也有助于对周边环境的保护；补偿注浆措施则被广泛应用于因深基坑开挖导致的沉降或变形问题，如既有建筑、管线、隧道的沉降及开裂等。同时，已有研究明确了控制措施的实施要点、注意事项及技术参数，为其他同类型工程的矫正控制提供了一定的参考基础。

B　深基坑坍塌应急管理研究

国外对于突发事件的应急管理研究较早，在大量相关研究基础上，多国政府出台了国家级的应急管理法规、政策及指导性方案，并明确了应急管理的基本原则、决策方法、工作程序、保障系统等。在较为成熟的应急管理体系下，近年来与深基坑安全事故应急管理的研究总体较少。Pela-Mora 等（2010）提出了一个基于信息技术的协作框架，该框架包括网络协作服务、射频识别标签、地理数据库和地理信息系统，能够为土木工程灾害急救人员提供协作媒介，主要涉及评估、定位、信息采集以及分发资源等。Irizarry 等（2014）利用网络理论来探索地铁施工事故网络的复杂性，获得了具有 26 个节点和 49 个边的未加权定向网络，其中近 60% 的最短路径包含基坑塌陷、设备倒塌及爆炸，这有利于有效防止二次事故和衍生事故的发生。

1997 年我国首次提出"应急预案编写提纲"的概念，2002 年在安全生产法颁布后，对突发事件应急管理的研究逐渐受到重视，此后与深基坑施工安全应急管理相关的研究随之展开，并取得了丰硕的研究成果。佟瑞鹏等（2009）提出了一套适用于建设行政主管部门、施工单位、建设单位等的地铁工程建设应急管理评估体系。林麟等（2019）构建了轨道交通建设工程应急预案体系设计方法，从技术维度建立了应急预案体系信息化系统平台。

综上所述，目前对深基坑施工安全应急管理的研究，主要从管理与技术两个层面进行，管理层面主要侧重于应急管理体系构建、流程优化、预案设计及资源配置等方面；技术层面主要侧重于操作规程、抢险技术、加固方案及信息系统等方面。总体而言，已有研究成果初步形成了施工安全应急管理的基本架构，为进一步实现系统、高效、协同的一体化应急管理机制奠定了较好的理论基础。

4.2.2 深基坑坍塌预警系统应用现状

随着深基坑坍塌预警相关理论及技术研究的不断推进，相应的安全预警系统也在逐渐开发，并不断更新完善。意大利 GeoDATA 公司针对地下工程施工推出了名为 GDMS（geodata master system）的信息化管理平台，该系统运用了 GIS 和 WEB 技术，由建筑物状态管理系统（building condition system，BCS）、建筑风险评估系统（building risk assessment，BRA）、盾构数据管理系统（TBM data management，TDM）、监测数据管理系统（monitoring data management，MDM）以及文档管理系统（document management system，DMS）5 个子系统构成，并在俄罗斯圣彼得堡、意大利罗马、圣地亚哥等地铁工程中得到应用。韩国 Chungsik Yoo 与 Jae-Hoon Kim 就土体移动和毗邻建筑物的损害风险预测，在 MapGuide ActiveX Control 软件的基础上开发了网络版评估系统，以首尔地铁 3 号线扩展工程为例，基于 IT 技术研究了地铁施工过程安全监测与风险管理系统，可实现通用 GIS 操作功能、动态标注 GPS 功能及监控查询功能。

杨松林等（2004）介绍了第三方监测分析管理信息系统的研究工作，该系统仅能作为第三方监测单位使用，无法与其他参与方信息共享。谢伟等（2005）介绍了基于 web 方式的深基坑监测管理信息系统，该系统具有数据远程上传、数据图形化处理、数据简单预警和信息发布功能。吴振君等（2008）开发了基于 GIS 的分布式基坑监测预警系统，该系统实现了多方信息存储，并在此基础上实现了数据信息的处理、分析、查询、预警及输出等功能。此外，广州建设工程质量安全检测中心、广州市建设工程安全检测监督站、广州粤建三和软件有限公司等单位（2014）联合完成了"地下工程和深基坑预警系统"，该系统通过利用物联网技术，将多种现场监测仪器联通起来，实现监测数据自动采集与实时传输，并能够对监测数据动态化处理分析。周志鹏、李启明（2017）以 ArcGIS 和 Microsoft Visual Studio 为软件平台，提出了 GIS-SCSRTEW 城市地铁预警系统，该系统基于复杂网络理论和扎根理论分析事故前馈信号的发生机理，运用新兴信息技术（传感器、射频识别、ZigBee 技术等）对事故前馈信号进行实时监控，并嵌入基于灰色系统理论的地铁施工安全风险预警模型。

综上所述，目前城市地下工程施工安全预警系统的应用在传统安全风险预警理论的基础上，逐渐引入信息化、网络化、地理信息、定位系统、无线传输等技术，通过建立综合性的安全管理平台辅助决策者获取信息、多方联络并快速决策。虽然现有施工安全预警系统已能够较好实现施工过程的安全风险预警管理，但总体尚处于发展阶段，各项理论、功能、技术还需进一步提高完善，各功能之间的衔接还需进一步系统化。

4.2.3 存在的问题

由前述研究现状可知，目前国内外学者针对深基坑坍塌预警已开展大量的研究工作，并取得了丰硕的研究成果。然而，根据深基坑工程实际需求，依然存在以下几个方面的问题：

（1）深基坑坍塌预警专项研究较多，系统性研究较少。根据预警含义与工程实际可知，深基坑坍塌预警是一套构成有序、衔接紧密且有机连贯的系统性方法与技术。因此，从系统性角度进行深基坑坍塌预警的研究尤为必要。然而，经文献梳理可知，现有研究多侧重于对安全预警某阶段相关理论或技术的研究，鲜有从全过程视角对预警诊控方法的系统性研究。

（2）需加强对观测数据的特征提取能力，提高深基坑施工变形预测精度。由于深基坑工程的复杂性以及不同基坑之间的差异性，致使其施工变形具有较强的个性化特征。在此前提下，对监测数据隐含规律的挖掘，成为实现有效预测的重要途径。现有文献结合各类数据挖掘方法构建了相应的预测模型，但较少考虑深基坑监测数据样本量的局限性，这使得对监测数据的特征提取不够充分，相应预测精度也有待提高。

（3）警情诊断方法未充分结合深基坑工程实际，诊断准确性需进一步提升。相较其他类建设工程，深基坑坍塌警情具有显著的复杂性、隐蔽性及动态变异性，因此，警情诊断过程应充分结合深基坑工程实际，这样有利于确保诊断结果的准确性。已有研究在一定程度上考虑了深基坑坍塌灾害的形式特征、致因路径及分级标准，但较少考虑深基坑监测信息的模糊性、未确知性及不确定性；同时，部分研究将变形累计与变形速率分别作为独立的预警指标，忽视了二者之间突出的关联性。上述不足易导致警情诊断结果偏差较大，且虚警、漏警等诊断性失误时有发生。

（4）安全控制决策依赖于专家经验，难以灵活高效地满足不同警情的控制需求。经文献分析与专家访谈可知，目前对深基坑坍塌警情的控制主要取决于会商专家及决策者的历史经验，此种方式具有较大的经验依赖性与决策主观性。同时，由于深基坑坍塌灾害的形式复杂多样，且不同专家之间的历史经验亦存在差别，使得仅通过专家会商的方式难以保证控制决策的可靠性。尤其是对于较为紧急的警情，此种方式的决策效率则难以满足警情控制的紧迫性要求。

4.3 深基坑坍塌预警功能框架

根据安全预警的本质特征（第 3.2.2 节），可明确预警的全过程依赖于安全信息的传递与处理，因此，可将预警全过程视为一种信息反馈处理机制，主要包括信息采集、数据分析、通信交互等阶段性基本流程。在此基础上，经文献梳理与专家访谈，综合考虑将"动态监测、预警诊控、协同响应"设置为深基坑坍塌预警功能框架的基础组件。

4.3.1　动态监测

动态监测是根据预警诊控的信息需求，通过现代化监测技术为之提供必要的监测数据与相关信息。就深基坑坍塌预警而言，其监测范围一般包括地质条件、支护体系、施工工况及周边环境，相关信息主要涉及变形、受力、违规行为及不良征兆等类型。根据动态监测的功能要求，可明确信息采集的准确性与及时性是确保预警效果的关键所在。此外，需要说明的是，动态监测并非是时时刻刻的监测，在实际操作时应依据信息规律与诊控需求对监测频率进行合理设置。

4.3.2　预警诊控

预警诊控是在动态监测的基础上，结合相关致灾机理、技术标准及工程经验，并运用数据处理分析技术，以综合确定深基坑工程即时的安全态势与控制措施。根据预警理念与工程实际，可明确预警诊控的核心功能主要包括施工变形预测、坍塌警情诊断及安全控制决策。其中，施工变形预测用以明确警情状态的发展趋势，坍塌警情诊断用以辨识风险类型与警情等级，安全控制决策用以为警情应对措施的制定提供决策支持，三者相辅相成以共同实现预警防控的核心目标。

4.3.3　协同响应

协同响应是在预警诊控的基础上，将警报及时传达至相关主体，并依据诊断结果与控制指令，通过协同联动、资源调配、效果跟踪等响应措施，以实现对当前警情的矫正控制或应急管理。其中，警报发布的及时性是该环节各项工作的重要前提，警报发布越及时，则准备时间越充足。在此基础上，还需预先设置协同响应机制、通信交互平台、警情响应预案、控制资源储备等实施要件，以保障协同响应各项工作的高效执行，并最终实现对深基坑坍塌警情的合理控制。

在前述分析基础上，进一步确定出各基础组件的技术架构，由此形成深基坑坍塌预警功能框架，如图 4-2 所示。需要说明的是，为确保动态监测、预警诊控、协同响应等组件功能的有效落实，还需通过信息管理平台提供必要的技术支持，主要涉及互联网、物联网、无线传输、建筑信息模型（BIM）、地理信息系统（GIS）、数据存储及检索引擎等信管技术。

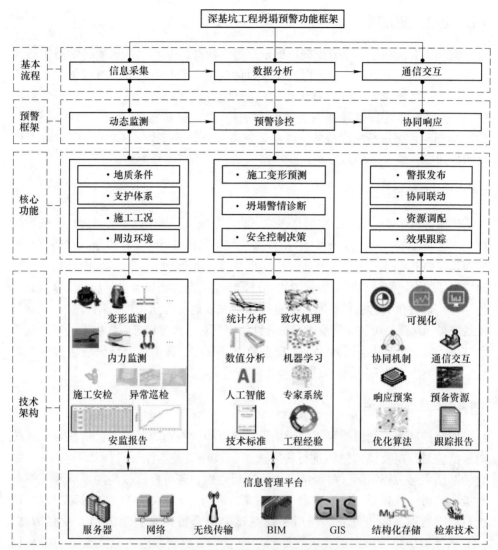

图 4-2 深基坑坍塌预警功能框架

4.4 深基坑坍塌预警运行机制

根据深基坑坍塌预警功能框架（第 4.3 节），可知动态监测需根据预警诊控的信息需求开展信息采集工作，协同响应需依据预警诊控的结果及指令执行警情应对措施。由此可明确，预警诊控在整个系统中起到"核心枢纽"的作用，既是确保预警效果的重要支撑，也是引导系统搭建的根本基础。因此，形成合理适用的预警诊控机制，并建立科学高效的预警诊控方法，是系统化提升深基坑坍塌预警水平的关键所在。

4.4.1　施工变形预测

施工变形预测是在充分挖掘历史信息隐含规律的基础上，选取科学适用的预测方法并建立相应预测模型，以实现对目标变量未来发展趋势的有效预测。该环节基本流程具体如下：（1）基于历史监测信息提取数据特征；（2）根据变形机理与数据特征，选择合理适用的预测方法；（3）初步构建施工变形预测模型；（4）对预测模型进行精度校验，以保证其有效性与稳定性；（5）对即时监测信息预处理后，输入已经验证的预测模型，从而得出所需预测结果。

4.4.2　坍塌警情诊断

坍塌警情诊断是基于监测信息评估当前安全现状，基于预测信息评估未来发展趋势，进而在态势结合的基础上，对深基坑坍塌警情做出综合性诊断。该环节基本流程具体如下：（1）确定诊控分区、风险类型、预警指标、预警区间及诊断方法，建立深基坑坍塌警情诊断模型；（2）通过监测信息与诊断模型进行当前安全现状评估；（3）通过预测信息与诊断模型进行未来发展趋势评估；（4）结合安全现状与发展趋势，对深基坑坍塌警情做出综合性预判，对于预警状态应提供准确清晰的诊断结果，对于无警状态则继续保持动态监测。其中，警情诊断结果应包括时空定位、风险类型、警情等级、发展态势及影响范围等关键信息。

4.4.3　安全控制决策

安全控制决策是根据警情诊断结果，在可控性判别的基础上，依托专家系统对警情应对策略及控制措施进行科学决策。该环节基本流程具体如下：（1）结合诊断结果与工程实际，对警情可控性进行判别，若可控性较高则采取矫正控制对策，若可控性较低则采取应急管理对策。（2）若采取矫正控制对策，应立即进行原因甄别与隐患筛查，然后在此基础上结合警情态势制定相应控制措施。（3）若采取应急管理对策，应立即启动应急响应机制，迅速撤离人员与机械设备，并根据警情类型制定灾害隔离或避让措施。（4）在警情诊断与控制决策的基础上，启动协同响应机制对当前警情进行合理控制。

4.5　深基坑坍塌智能诊控方法

在明确预警诊控机制的基础上，还需进一步建立与之匹配的预警诊控方法，以保证深基坑坍塌预警核心功能的有效落实。就预警诊控方法而言，其本质可理解为一整套基于相关致灾机理的信息处理技术。因此，从信息技术角度建立更加科学适用的预警诊控方法是当前合理可行的解决途径。与此同时，近年来随着信息技术领域的飞速发展，人工智能、大数据、云计算等智能信息技术已被广泛应用于各行业领域，信息化建设的时代背景为深基坑坍塌预警诊控方法的革新提供了良好的研究契机。

4.5.1 智能信息技术

智能信息技术，又称为人工智能信息技术（artificial intelligence information technology，AIIT），是从人工智能角度处理和管理各种信息的技术总称。目前，对智能信息技术尚未形成统一清晰的界定，凡横跨人工智能与信息管理两大领域的信息处理技术均属于智能信息技术的范畴。

经文献梳理可知，智能信息技术主要包括机器学习、信息融合、专家系统、特征识别、语言处理、计算机视觉等技术，此类技术多具有自学习、自组织、自适应等智能化优势，经实际应用总体呈现出灵活性好、准确性高、鲁棒性强等特征，现已成为众多行业领域不可或缺的重要支撑。

4.5.2 变形趋势预测

由于水土作用的"黑箱"特征，导致难以准确掌握深基坑工程实际的稳定性状况，在此客观条件下，外部变形作为相应复杂机理的综合表征，成为反映深基坑安全现状及其发展趋势的关键性依据。因此，对深基坑施工变形的科学预测是实现预警目标的关键环节之一。

目前，智能信息技术中的机器学习方法（machine learning）为各类数据挖掘提供了良好的技术支撑，其基本做法是通过智能算法对数据解析并加以学习，然后在此基础上对客观世界中的事件作出预测或决策。经文献分析可知，机器学习正逐渐由浅层学习（shallow learning）转变为深度学习（deep learning）。其中，深度学习的实质是通过构建多隐层机器学习模型，以更加深入地提取数据隐含特征；相较浅层学习，深度学习侧重于强调模型结构的深度，并突出了特征学习的重要性，其预测准确性也随之提高（图4-3）。

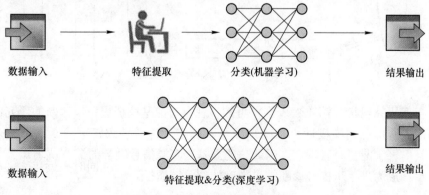

图4-3 深度学习分析基本过程

根据研究现状（第 4.2.3 节）可知，现有对深基坑施工变形预测的研究，较少考虑监测数据样本数量的局限性，这使得对数据隐含特征的提取不够充分，相应预测精度也有待提高。在样本数量受限的条件下，增强预测模型的数据特征提取能力，是提高预测精度的关键途径。综上，建立基于深度学习的深基坑施工变形预测模型，是进一步提升相应预测精度的关键途径。

4.5.3　多源融合诊断

深基坑坍塌警情诊断是将大量零散信息集成为少量综合信息的过程，其目的在于通过少量信息综合反映深基坑坍塌警情的总体态势，从而为后续警情应对策略的制定提供先导性决策依据。然而，结合深基坑工程实际可知，警情诊断相关信息具有突出的多源异构性；同时，由于深基坑坍塌风险的复杂性、隐蔽性及突变性，使得相关信息在主客观层面存在较大的不确定性。因此，如何科学准确地实现海量多源不确定性信息的有效融合，成为实现预警目标的关键环节之一。

目前，智能信息技术中的多源信息融合技术（multi-sensor information fusion，MSIF）为警情诊断提供了合理适用的技术支撑，其基本做法是将多个信息源获取的数据，通过多种方式进行融合，并最终得出能反映目标状况的综合性结果（图 4-4）。运用多源信息融合技术，有助于在多源信息协同支持的基础上获取更加准确的合成结果，从而有效降低因信息不确定性导致的结果偏差。

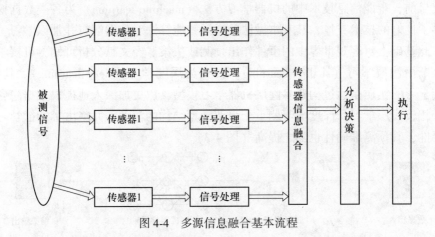

图 4-4　多源信息融合基本流程

根据研究现状（第 4.2.3 节）可知，现有对深基坑坍塌警情诊断的研究，较少考虑监测信息的模糊性、未确知性及不确定性，易导致警情诊断结果偏差较大，且虚警、漏警时有发生。因此，建立基于多源信息融合的深基坑坍塌警情诊断模型，成为进一步提升诊断结果准确性的关键途径。

4.5.4 案例推理控制

从系统工程角度，明确警情只是认识问题的开始，而警情控制才是解决问题的目的。因此，在警情诊断基础上，有必要进一步进行警情可控性判别，并有针对性地制定相应控制措施，以达到及时止损的目的。就安全控制决策而言，由于不同警情的引致原因与既存隐患千差万别，使得安全控制决策尚未形成系统稳定的分析机制与决策范式，这也是深基坑坍塌灾害未得到长效控制的关键性缺陷。

目前，智能信息技术中的专家系统（expert system）为警情控制决策提供了科学合理的解决途径，其基本做法是在大量汇总某领域专家知识的基础上，通过借鉴专家解决问题的方式与控制经验，以有效解决新的领域问题。简而言之，专家系统是一种模拟人类专家解决领域问题的智能推理决策系统，此类技术因其高效准确、稳定可靠、灵活适用的优势特征，受到各行业领域广泛的认可与应用，尤其是对专家经验高度依赖的复杂性问题，此类方法优势更加显著。即专家系统的核心理念与安全控制决策的思维方式相一致（图4-5）。

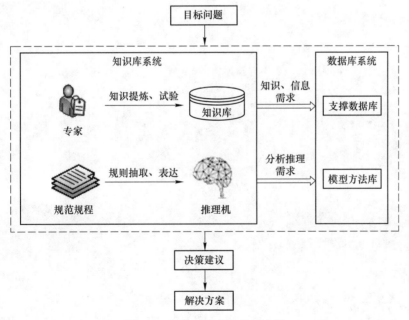

图 4-5 专家系统求解基本流程

经文献梳理可知，专家系统主要包括规则推理（rule-based reasoning，RBR）与案例推理（case-based reasoning，CBR）两种方式。其中，规则推理是指通过对专家知识的形式化描述以形成系统性规则，此种方式能够较为全面地刻画领域规则体系，并清晰解释相应的推理过程，但存在规则提取困难、推理效率较低等劣势；案例推理则是通过寻找与之相似的历史案例，利用已有案例知识或经验来解决新的问题，此种方式与人类解决问题的方式很相近，首先从案例库中检索与目标问题相匹配的最佳案例，然后通过对案例解的有效复用得出目标问题的适用解。需要说明的是，此种方式依赖于既有案例质量及其涵盖范围。

根据研究现状（第4.2.3节）可知，现有对深基坑坍塌警情安全控制的研究，多是对工程案例控制措施及经验的总结，安全控制决策主要取决于会商专家与决策者的历史经验。然而，由于深基坑坍塌灾害形式复杂多样，所以上述传统方式难以充分满足各类警情对安全控制的经验需求，决策效果也易受主观影响。因此，建立基于案例推理的深基坑坍塌警情控制决策模型，是进一步改善安全控制能力的关键途径。

第 2 篇
预警诊控技术

5　深基坑施工安全动态监测

动态监测是根据深基坑坍塌预警诊控的信息需求，通过现代化高精度量测技术为之动态提供必要的监测数据与相关信息。信息采集的准确性、及时性、合理性是动态监测功能的关键所在。为达到相应目标，应依据现行相关标准，并结合深基坑工程实际，制定出科学合理、匹配适用、动态高效的监测方案。

5.1　动态监测基础

5.1.1　监测原则

（1）系统性。系统性主要体现在如下3个方面：1）监测项之间有机构成，能够全面、系统、动态地反映监测对象的安全状况；2）监测项数据之间能够提供支持、辅助校验；3）监测数据具有连续性与完整性。

（2）可靠性。可靠性主要体现在如下3个方面：1）监测方案比较完善，监测方法较为成熟；2）监测仪器能够充分满足预警诊控的精度要求；3）监测点设有保护措施，无影响监测工作的障碍物，采集数据稳定可靠。

（3）适用性。适用性主要体现在如下3个方面：1）与工程设计相结合，对关键过程、工艺、部位、参数进行重点监测；2）与施工过程相结合，根据工况实际确定监测方法、仪器、频率，以及监测点的布设；3）对施工安全敏感部位进行重点监测，如变形或受力较大部位、地层变化较大区域、异常征兆发生部位等。

（4）经济性。经济性主要体现在如下3个方面：1）在安全可靠的前提下，选择经济适用的监测仪器；2）在满足预警要求的前提下，合理设置监测点数量；3）根据监测指标额重要性、灵敏性及变化规律，以清晰掌握监测指标变化趋势为准则，合理设置监测频率。

5.1.2　监测标准

目前，我国已出版多部与深基坑工程监测紧密相关的技术规范与规程，具体见表5-1。

表 5-1 深基坑工程监测标准规范

规 范 名 称	标准号	级别
《建筑基坑工程监测技术规范》	GB 50497—2019	国家标准
《建筑地基基础设计规范》	GB 50007—2011	国家标准
《建筑地基基础工程施工质量验收规范》	GB 50202—2002	国家标准
《城市轨道交通工程监测技术规范》	GB 50911—2013	国家标准
《城市轨道交通工程测量规范》	GB 50308—2017	国家标准
《建筑基坑支护技术规程》	JGJ 120—2012	行业标准
《建筑深基坑工程施工安全技术规范》	JGJ 311—2013	行业标准

5.1.3 监测内容

一般情况下，深基坑工程监测对象主要涉及地质条件、支护体系、施工工况及周边环境等，如图 5-1 所示。

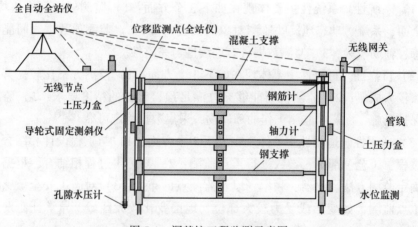

图 5-1 深基坑工程监测示意图

依据现行相关标准，深基坑工程监测指标可划分为 4 类，分别为变形、受力、违规施工、不良特征。其中，变形具体体现为变形累计值与变形速率两个方面。经梳理汇总，深基坑工程监测指标见表 5-2。

表 5-2 深基坑工程监测指标汇总

指标类型	指 标 名 称
变形	围护结构顶部水平位移；围护结构顶部竖向位移；深层水平位移；土体分层竖向位移；立柱竖向位移；坑底隆起；地下水位；周边地表竖向位移；周边建筑变形（竖向位移、倾斜、水平位移）；周边管线变形（竖向位移、水平位移）；周边道路竖向位移

指标类型	指 标 名 称
受力	围护墙内力；支撑轴力；立柱内力；锚杆轴力；围护墙侧向土压力；孔隙水压力
违规施工	支撑不及时；超挖；坑边超载；降排水措施不到位；外部扰动
不良特征	工程地质条件不良；支护结构质量不足；支护结构异常特征（开裂、变形、松动、渗漏）；积水、涌土、流砂、管涌；周边地表开裂、沉陷、滑移；周边建筑开裂；周边管线破损、泄漏；邻近地下工程异常变化；邻近联系水体水位变化等

5.2 动态监测方案

深基坑坍塌预警指标均需通过监测方案采集数据，监测方案内容主要包括：（1）工程概况；（2）工程地质条件及周边环境状况；（3）监测目的；（4）编制依据；（5）监测范围、对象及项目；（6）基准点、工作基点、监测点的布设要求及测点布置图；（7）监测方法和精度等级；（8）监测人员配备和仪器设备；（9）监测期和监测频率；（10）监测数据处理、分析与信息反馈；（11）预警、异常及危险情况下的监测措施；（12）质量管理、监测作业安全及其他管理制度。

5.2.1 监测范围

5.2.1.1 时间范围

深基坑工程监测贯穿于地下施工的全过程。监测期应从基坑工程施工前开始，直至地下施工完成为止。对于有特殊要求的基坑工程，监测期需延续至变形稳定后结束。

5.2.1.2 空间范围

监测范围是指深基坑工程自身以及工程施工对周围土体扰动的影响范围。由于地质条件及周边环境的复杂性，目前对基坑周边环境的监测范围尚未形成统一的界定，但在现行相关规范中给出了监测范围的参考标准。如《建筑基坑工程监测技术规范》（GB 50497—2019）中规定：基坑边缘以外1~3倍基坑开挖深度范围内需要保护的周边环境应作为监测对象，必要时尚应扩大监测范围。

对于深基坑工程监测范围的确定，有本地区标准的宜参考本地区标准；若无本地区标准，可参考现行国家标准并结合基坑设计深度、地质条件、周边环境状况、支护结构类型、施工工法及本地区工程经验综合确定。经梳理汇总，部分省市地方标准对深基坑工程监测范围的相关规定见表5-3。

表 5-3 深基坑工程变形监测范围 (地方标准)

省市	标 准	监测范围
北京市	《北京市建筑基坑支护技术规程》（DB11/489—2016）	坑外 (1~3)H 范围内
河北省	《河北省建筑基坑工程技术规程》（DB13（J）133—2012）	
浙江省	《浙江省建筑基坑工程技术规程》（DB33/T 1096—2014）	
上海市	《基坑工程施工监测规程》（DG/T J08—2016）	坑外 2H 范围内
天津市	《天津市建筑基坑工程技术规程》（DB29-202—2010）	
广东省	《广东省建筑基坑工程技术规程》（DBJ/T 15-20—2016）	
云南省	《云南省建筑基坑工程监测技术规程》（DBJ53/T-67—2014）	
吉林省	《吉林省建筑基坑支护技术规程》（DB22/JT145—2015）	坑外 (1~2)H 范围内
南京市	《南京地区基坑工程监测技术规程》（DGJ32 J 189—2015）	坑外 3H 范围内
成都市	《成都地区基坑工程安全技术规范》（DB51/T 5072—2011）	

注：H 为基坑开挖深度。

5.2.2 监测分区

为保证深基坑工程监测的系统性，有必要基于网格化管理理念，对监测范围进行监测区域划分，划分后各监测区域可称为监测分区。如矩形基坑可按侧壁、坑底、紧邻周边进行分区，如图 5-2 所示。

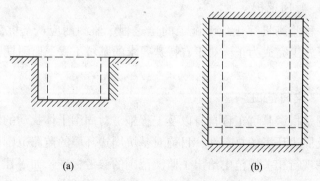

(a)   (b)

图 5-2 深基坑工程监测分区示意图

(a) 剖面图；(b) 俯视图

5.2.3 监测项及测点布设

5.2.3.1 监测设置流程

监测设置基本流程如下：(1) 确定各监控分区内可能出现的安全风险事件；

（2）确定各安全风险事件对应的预警指标（监测项）；（3）确定各预警指标相应的监测点，并应明确测点布设的时间、位置与数量。综上所述，深基坑工程监测体系如图5-3所示。

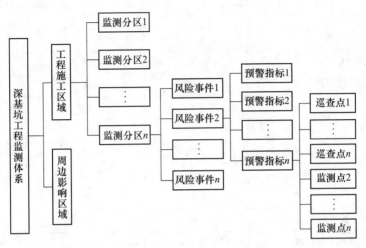

图 5-3 深基坑工程监测体系

5.2.3.2 监测项选择

现行标准《建筑基坑工程监测技术规范》（GB 50497—2019），结合目前基坑工程监测技术水平，在大量工程调研并征询全国近 20 个城市百余名专家意见的基础上，提供了依据基坑工程安全等级的监测项选择方法（表5-4）。

表 5-4 土质基坑工程仪器监测项选择标准

监测项目	基坑工程安全等级		
	一级	二级	三级
围护墙（边坡）顶部水平位移	应测	应测	应测
围护墙（边坡）顶部竖向位移	应测	应测	应测
深层水平位移	应测	应测	宜测
立柱竖向位移	应测	应测	宜测
围护墙内力	宜测	可测	可测
支撑轴力	应测	应测	宜测
立柱内力	可测	可测	可测
锚杆轴力	应测	宜测	可测
坑底隆起	可测	可测	可测
围护墙侧向土压力	可测	可测	可测

续表 5-4

监测项目		基坑工程安全等级		
		一级	二级	三级
孔隙水压力		可测	可测	可测
地下水位		应测	应测	应测
土体分层竖向位移		可测	可测	可测
周边地表竖向位移		应测	应测	宜测
周边建筑	竖向位移	应测	应测	应测
	倾斜	应测	宜测	可测
	水平位移	宜测	可测	可测
周边管线	竖向位移	应测	应测	应测
	水平位移	可测	可测	可测
周边建筑裂缝、地表裂缝		应测	应测	应测
周边道路竖向位移		应测	宜测	可测

同时，深基坑工程周边既有桥梁、隧道、铁路等监测项设置可参考《城市轨道交通监测技术规程》（GB 50911—2013）中相关规定，并结合工程实际综合确定。

5.2.3.3 监测点布设

深基坑工程监测点布设应充分考虑安全等级、支护类型、特征部位及监测仪器等，应能有效反映测点部位或区域的实际状态及变化趋势。同时，监测点设置不应妨碍监测对象正常工作，应便于监测、易于保护。不同监测项的监测点宜布置在同一监测断面上。监测标志应稳定可靠、标志清晰。参照《建筑基坑工程监测技术规范》（GB 50497—2019），不同监测项相应监测点的设置见表 5-5，主要包括监测点位置、间距、数量等。

表 5-5 深基坑工程监测点设置标准

监测项目	监测点	测点间距	测点数
围护顶部水平位移	沿基坑周边布置、侧边中部、阳角处、邻近被保护对象	不大于 20m	不少于 3 个
围护顶部竖向位移	沿基坑周边布置、侧边中部、阳角处、邻近被保护对象	不大于 20m	不少于 3 个
深层水平位移	基坑周边中部、阳角处、有代表性的部位	20~60m	每边不少于 1 个

监测项目	监测点	测点间距	测点数
立柱竖向位移	基坑中部、多根支撑交汇处、地质条件复杂处立柱	—	不少于立柱的5%，逆作法施工不少于10%且不少于3根
围护墙内力	设计计算受力、变形较大且有代表性的部位	水平间距自定；竖向间距2~4m	监测点数量视情况自定
支撑轴力	①支撑内力较大、基坑阳角处或在支撑系统中起控制作用的杆件；②钢支撑的监测截面宜选择在两支点间1/3部位或支撑的端头；混凝土支撑的监测截面宜选择在两支点间1/3部位，并避开节点位置	—	每层支撑测点不少于3个
立柱内力	监测点宜布置在受力较大的立柱上，每个截面传感器不少于4个，测点宜布置在坑底以上立柱长度的1/3部位	视情况而定	视情况而定
锚杆内力	支撑内力较大且有代表性位置，基坑每侧边中部、阳角处和地质条件复杂的区段，每根杆体上的测试点宜设置在锚头附近和受力有代表性的位置	—	该层锚杆总数的1%~3%，且不少于3根
土钉内力	基坑每边中部、阳角处和地质条件复杂的区段	视情况而定	视情况而定
坑底隆起（回弹）	①监测点宜按纵向或横向断面布置，断面宜选择在基坑的中央以及其他能反映变形特征的位置，断面数量不宜少于2个；②监测标志宜埋入坑底以下20~30cm	同一断面横向间距10~30m	不少于3个
围护墙侧向土压力	受力、土质条件变化较大或其他有代表性的部位	竖向布置上间距2~5m，下部宜加密	①基坑每边不少于2个；②按土层分布每层测点不少于1个，且宜在各层土的中部
孔隙水压力	①监测断面宜布置在基坑受力、变形较大或有代表性的部位；②竖向布置上监测点宜在水压力变化影响深度范围内按土层分布情况布设	竖向间距2~5m	不少于3个
地下水位	①深井降水：基坑中央和两相邻降水井的中间部位；②轻型井点、喷射井点：基坑中央和周边拐角处	视情况而定	视情况而定

续表 5-5

监测项目	监 测 点	测点间距	测点数
地下水位	应沿基坑、被保护对象的周边或在基坑与被保护对象之间布置，相邻建筑、重要的管线或管线密集处应布置水位监测点，当有止水帷幕时，宜布置在截水帷幕的外侧约 2m 处	20~50m	视情况而定
土体分层竖向位移	被保护对象且有代表性部位	视情况而定	视情况而定
周边地表竖向位移	坑边中部或有代表性部位	—	每个监测断面不少于 5 个
周边建筑竖向位移	建筑四角、沿外墙每 10~15m 处或每隔 2~3 根柱基上	—	每侧不少于 3 个
	①不同地基或基础的分界处；②不同结构的分界处；③变形缝、抗震缝或严重开裂处的两侧；④新旧建筑或高低建筑交接处的两侧；⑤高耸构筑物基础轴线的对称部位	视情况而定	视情况而定
周边建筑倾斜	建筑角点、变形缝两侧的承重柱或墙上	沿主体顶部、底部上下对应布设，监测点应布置在同一竖直线上	—
周边建筑水平位移	建筑的外墙墙角、外墙中间部位的墙上或柱上、裂缝两侧以及其他有代表性的部位	视情况而定	每侧不少于 3 个
周边建筑、地表裂缝	有代表性的裂缝以及原裂缝增大或新出现裂缝	裂缝最宽处和末端处	每条裂缝不少于 2 个
周边管线变形	①管线的节点、转角点和变形曲率较大部位；②重要的、距离基坑近的、抗变形能力差的管线；③供水、煤气、供热等压力管线宜设置直接监测点，也可利用窨井、阀门、抽气口以及检查井等管线设备作为监测点，在无法埋设直接监测点的部位，可设置间接监测点	平面间距为 15~25m	—

5.2.4 监测频率

对于监测频率的确定，应既能有效反映监测项的变化过程（尤其是重要变化过程），又不遗漏其变化时刻。因此，需随着时间的推移，结合实际情况调整监测频率，如监测值相对稳定时，可适当降低监测频率；监测值发生异常变化时，应增大监测频率。现行标准《建筑基坑工程监测技术规范》（GB 50497—2019）给出了深基坑工程监测频率的参考标准，见表5-6。

表 5-6 深基坑工程监测频率标准

基坑设计安全等级	施工进程		监测频率
一级	开挖深度 h	$\leq H/3$	1 次/(2~3)d
		$H/3 \sim 2H/3$	1 次/(1~2)d
		$2H/3 \sim H$	(1~2)次/d
	底板浇筑后时间/d	≤ 7	1 次/d
		7~14	1 次/3d
		14~28	1 次/5d
		>28	1 次/7d
二级	开挖深度 h	$\leq H/3$	1 次/3d
		$H/3 \sim 2H/3$	1 次/2d
		$2H/3 \sim H$	1 次/d
	底板浇筑后时间/d	≤ 7	1 次/2d
		7~14	1 次/3d
		14~28	1 次/7d
		>28	1 次/10d

注：1. h—基坑开挖深度；H—基坑设计深度；

　　2. 支撑结构开始拆除到拆除完成后 3d 内监测频率加密为 1 次/d；

　　3. 当基坑等级为三级时，监测频率可视具体情况适当降低；

　　4. 宜测、可测项目的监测频率可视具体情况适当降低。

在深基坑施工过程中，基坑监测频率应根据实际状况做出合理的调整。若情况稳定，则可在建设单位、设计单位同意后适当降低监测频率；若出现下列紧急情况则应提高监测频率：（1）监测数据达到报警值；（2）监测数据变化较大或者速率加快；（3）存在勘察未发现的不良地质；（4）超深、超长开挖或未及时加撑等违反设计工况施工；（5）基坑及周边大量积水、长时间连续降雨、市政管道出现泄漏；（6）基坑附近地面荷载突然增大或超过设计限值；（7）支护结构出现开裂；（8）周边地面突发较大沉降或出现严重开裂；（9）邻近建筑突发较大沉降、不均匀沉降或出现严重开裂；（10）基坑底部、侧壁出现管涌、渗漏等现象；（11）基坑工程发生事故后重新组织施工；（12）出现其他影响基坑及周边环境安全的异常情况。

5.3 动态监测方法

5.3.1 变形监测

5.3.1.1 水平位移监测

基坑内支撑架设、浇筑混凝土前，开挖土体引起的变形和支撑杆件受压，使基坑内围护结构（如围护桩或地下墙）发生水平位移，围护结构过大的水平位移会影响基坑内主体结构的施工空间和周围环境的安全，围护结构顶部水平位移是围护结构变形直观的体现，故围护结构顶部水平位移的监测就是基坑监测工作中一个最重要的项目。必要时应监测邻近建（构）筑物、管线、道路、土体等周围环境的水平位移，以确保周围环境安全。

测定特定方向上的水平位移时，可采用视准线法、小角度法、投点法等；测定监测点任意方向的水平位移时，可视监测点的分布情况，采用前方交会法、后方交会法、极坐标法等；当测点与基准点无法通视或距离较远时，可采用 GPS 测量法或三角、三边、边角测量与基准线法相结合的综合测量方法。

A 视准线法

在与建（构）筑物水平位移方向相垂直的方向上设立两个基准点，构成一条基准线，基准线一般通过或靠近被监测的建（构）筑物。在建（构）筑物上设立若干变形观测点，使其大致位于基准线上。以 A、B 为基准点，M_1、M_2、M_3 为变形点，用测距仪测定基准点至各变形点的距离（图 5-4）。变形观测时，在基准点 A、B 上分别安置经纬仪和觇牌，通过经纬仪瞄准觇牌构成视准线，再瞄准横放于变形点上的尺子，读取变形点偏离视准线的距离（偏距）。从历次观测的偏距差中，可以计算水平位移的数值。

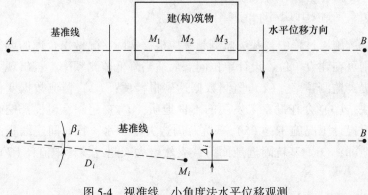

图 5-4 视准线、小角度法水平位移观测

B　小角度法

更精确的方法为用多测回观测变形点偏离视准线的小角度 β_i，按小角度和测站至变形点的距离 D_i 计算偏距 Δ_i。因此，这种观测水平位移的视准线法又称为小角度法（图 5-4）。

C　前方交会法

在测定大型工程建筑（如塔形建筑、水工建筑等）的水平位移时，可利用变形影响范围以外的控制点用前方交会法进行。以 A、B 点为相互通视的控制点，P 为建筑上的位移观测点（图 5-5）。将仪器安置在 A 点，后视 B 点，前视 P 点，测得角 BAP 的外角，$\alpha = (360° - \alpha_1)$；然后，将仪器安置在 B 点，后视 A 点，前视 P 点，测得 β，通过内业计算求得 P 点坐标。

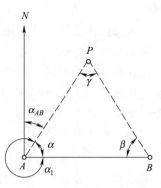

图 5-5　前方交会示意图

α、β 角值变化 P 点坐标亦随之变化，根据式（5-1）计算其位移量。

$$\delta = \sqrt{(x_2 - x_1)^2 + (y_2 - y_1)^2} \tag{5-1}$$

5.3.1.2　竖向位移监测

沉降监测是深基坑工程最主要的监测项目，基坑开挖、浅埋隧道开挖、盾构法施工的隧道工程都需要进行地表沉降监测。竖向位移监测可采用几何水准或液体静力水准等方法。

A　几何水准测量法

监测建筑物垂直位移就是在其两岸不受建筑物变形影响的部位设置水准基点或起测基点，并在建筑物上布设适当的垂直位移标点，然后定期根据水准基点或起测基点用水准测量测定垂直位移标点处的高程变化，经计算求得该点的垂直位移值。垂直位移监测网可布设成闭合水准路线或附合水准路线，等级可划分为一等、二等。在近坝区岩体、高边坡、滑坡体处进行几何水准测量有困难时，可用全站仪测定三角高程的方法进行监测。

B　液体静力水准测量法

液体静力水准测量法，又称为连通管法，是利用连通管液压相等的原理，将起测基点和各垂直位移测点用连通管连接，注水后即可获得一条水平的水面线，量出水面线与起测基点的高差，计算出水面线的高程，然后依次量出各垂直位移测点与水面线的高差，即可求得各测点的高程。该次观测时测点高程与初测高程的差值即为该测点的累计垂直位移量。

5.3.1.3 坑底隆起（回弹）监测

坑底隆起（回弹）宜通过设置回弹测标（图5-6），采用几何水准并配合传递高程的辅助设备进行监测，传递高程的金属杆或钢尺等应进行温度、尺长和拉力等项修正。

基坑回弹监测通常采用几何水准测量法。基坑回弹监测的基本过程是，在待开挖的基坑中预先埋设回弹测标，在基坑开挖前后分别进行水准测量，测出布设在基坑底面各测标的高差变化，从而得出回弹标志的变形量。观测次数不应少于3次，即第一次在基坑开挖之前；第二次在基坑挖好之后；第三次在浇注基础混凝土之前。在基坑开挖前的回弹监测，由于测点深埋地下，

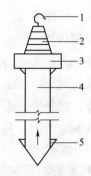

图5-6 回弹测标示意图
1—挂钩（或做成圆帽顶）；
2—标顶（反扣螺丝）；
3—标盘；4—标身；5—翼片

实施监测比较复杂，且对最终成果精度影响较大，因此是整个回弹监测的关键。基坑开挖前的回弹监测方法通常有辅助杆法（适用于较浅基坑）和钢尺法。钢尺法又可分为钢尺悬吊挂钩法（简称挂钩法）（一般适用于中等深度基坑（图5-7））和钢尺配挂电磁锤法或电磁探头法（适用于较深基坑）。

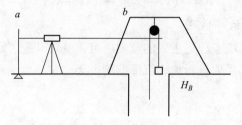

图5-7 开挖前回弹观测工作示意图

5.3.1.4 深层水平位移监测

深基坑工程引起的地表沉降，大多是由于打桩、围岩注浆、地基开挖、隧道塌方等深层土体位移造成的。而地表沉降滞后于深层土体位移，因此，及时掌握深层土体位移，进行深层土体位移监测，对保证深基坑工程施工和周围环境安全具有重要的作用。

围护墙或土体深层水平位移的监测宜采用在墙体或土体中预埋测斜管、通过测斜仪观测各深度处水平位移的方法进行。测斜管安装如图5-8所示，监测结果如图5-9所示，通过图示可直接得出水平位移随时间的偏移量及随深度偏移量的变化。

5.3.1.5 土体分层竖向位移监测

土体分层竖向位移可通过埋设磁环式分层沉降标，采用分层沉降仪进行量

测；或者通过埋设深层沉降标，采用水准测量方法进行量测。

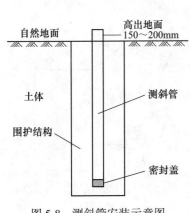

图 5-8　测斜管安装示意图

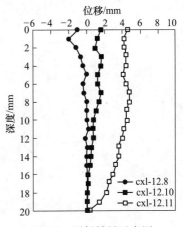

图 5-9　测斜结果示意图

5.3.1.6　周边建（构）筑物倾斜监测

建筑倾斜观测应根据现场观测条件和要求，选用投点法、前方交会法、激光铅直仪法、垂吊法、倾斜仪法和差异沉降法等。

A　投点法

采用投点法测量建筑倾斜度（图 5-10）的具体步骤如下：

（1）确定屋顶明显 A' 点，先用长钢尺测得楼房的高度 h；

（2）在点 A' 所在的两墙面底 BA、DA 延长线上，距离房子大略 $1.5h$ 远的地方，分别定出 M、N 点；

（3）在点 M、N 上分别架设全站仪，照准点 A'，将其投影到水平面上，设其为 A''；

（4）测量 A'' 到墙角点 A 的距离 k 及在 BA、DA 延长线的位移分量 Δx、Δy。由此可计算出倾斜方向：

$$\alpha = \arctan \frac{\Delta y}{\Delta x} \tag{5-2}$$

倾斜度：

$$i = \frac{k}{h} \tag{5-3}$$

B　激光铅直仪法

在欲进行倾斜监测建筑物的外侧架设激光准直仪（图 5-11），设其距墙面 d_0。通过激光准直仪向上或向下发射一条激光准直直线，在观测点处设置接收靶，量取接收靶上激光点到墙面的水平距离 d_1，通过钢尺量取激光准直仪到激光接收靶的高度 h，则监测墙面的倾斜度为：

$$i = \frac{d_1 d_0}{h} \tag{5-4}$$

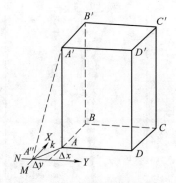

图 5-10 投影法倾斜监测

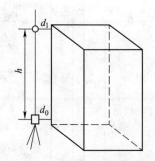

图 5-11 激光铅直仪倾斜监测

C 前方交会法

烟囱等塔式建筑物的倾斜监测尤为重要，常采用前方交会方法对其进行倾斜监测（图 5-12）。

（1）在距离烟囱高 1.5 倍以远距离处设定工作基点 A、B。

（2）在 A 点架设经纬仪，量取仪高 i，瞄准烟囱底部一侧的切点，读取方向值和天顶距；再瞄准烟囱底部另一侧的切点读取方向值和天顶距，两方向值的平均数即为烟囱底部中心的方向值；从而可以测得 A 点到烟囱底部中心和到 B 点的方向线夹角 α_1，以及仪器瞄准底部一侧切点时视线的天顶距 z_1；采取同样的方法，测得 A 点到烟囱顶部中心和到 B 点的方向线夹角 α_2 及仪器瞄准顶部一侧切点时视线的天顶距 z_2。

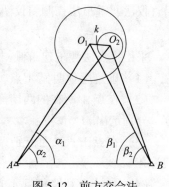

图 5-12 前方交会法

（3）在 B 点架设经纬仪，采取步骤（2）的同样方法，测得图 5-12 中的 β_1、β_2，在 B 点的观测，应保证和在 A 点的观测所切的切点同高。

（4）利用前方交会方法，求得烟囱底部中心 $O_1(x_1、y_1)$、烟囱顶部中心 $O_2(x_2、y_2)$。

（5）则计算烟囱偏移量：

x 方向偏移量 $\Delta x = x_2 - x_1$

y 方向偏移量 $\Delta y = y_2 - y_1$

倾斜量：

$$k = \sqrt{\Delta x^2 + \Delta y^2} \tag{5-5}$$

（6）利用计算得到的烟囱底部中心 O_1 坐标、基点 A 的坐标、仪器高 i 及在 A 点观测时仪器瞄准顶部一侧切点时视线的天顶距 z_2 可计算烟囱高度 h，则烟囱倾斜度为：

$$i = \frac{k}{h} \tag{5-6}$$

烟囱的倾斜方位可由烟囱底部中心 O_1、烟囱顶部中心 O_2 的坐标按坐标反算公式算得。

5.3.1.7　裂缝监测

裂缝监测应监测裂缝的位置、走向、长度、宽度，必要时还应监测裂缝深度。

A　裂缝宽度监测

裂缝宽度监测宜在裂缝两侧贴埋标志，用千分尺或游标卡尺等直接量测，也可用裂缝计、粘贴安装千分表量测或摄影量测等。

监测裂缝时，应根据裂缝分布情况选择其代表性的位置，在裂缝两侧设置监测标志，如图5-13（a）所示。对于较大的裂缝，应在裂缝最宽处及裂缝末端各布设一对监测标志，两侧标志的连线与裂缝走向大致垂直，用直尺、游标卡尺或其他量具定期测量两侧标志间的距离，同时测量建（构）筑物表面上裂缝的长度并记录测量日期。标志间距增量代表裂缝宽度的增量。在裂缝两侧设置金属片标志，在标志上画一条竖线，若竖线错开，则表明裂缝在扩大（图5-13（b））。

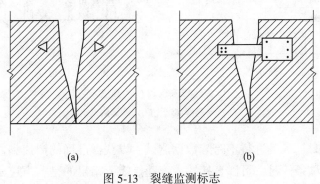

(a)　　　　　　　　　　　(b)

图5-13　裂缝监测标志
(a) 裂缝监测标志；(b) 裂缝两侧设置金属片标志

对于宽度不大的细长裂缝，也可以在裂缝处画一条跨越且垂直于裂缝的横线，定期直接在横线处测量裂缝的宽度；还可以在裂缝及两侧抹一层长约20cm、宽度为4~5cm的石膏进行定期监测，如果石膏开裂，则表示裂缝在继续扩大。

B　裂缝长度监测

裂缝长度监测宜采用直接量测法；采用直尺（卷尺）进行测量。

C　裂缝深度监测

a　凿出法

预先准备易于渗入裂缝的彩色溶液如墨水等，灌入细小裂缝中，若裂缝走向是垂直的，可用针筒打入，待其干燥或用电吹风加热吹干后，从裂缝的一侧将混凝土渐渐凿除，露出裂缝另一侧，观察是否留有溶液痕迹（颜色）以判断裂缝的深度。

b　超声波法

常用裂缝测深仪进行监测，该仪器采用超声波衍射（绕射）原理的单面平测法，对混凝土结构裂缝深度进行监测。仪器有自动测试和手动测试两种方法，手动测试方法操作简单，容易掌握，是常用的测试方法。

c　自动检测方法

第一步：不跨缝测试，得到构件的平测声速。

该步要求在构件的完好处（平整平面内，无裂缝）测量一组特定测距的数据，并记录每个测距下的声参量，通过该组测距及对应的声参量，计算出超声波在该构件下的传输速度。

在构件的完好处分别测量测距为 L_0、L_1、L_2 以及 L_3 时的声参量，计算出被测构件混凝土的波速（图 5-14）。

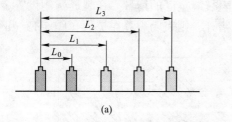
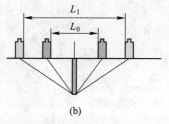

(a)　　　　　　　　　　　　　(b)

图 5-14　裂缝测深仪自动测试示意

(a) 不跨缝测试；(b) 跨缝测试

条件允许时，尽量进行不跨缝数据测试，以获得准确的声速和修正值。当不具备不跨缝测试条件时，可以直接输入声速。需要指出的是，声速是对应于构件而非裂缝，无需在测量每个裂缝时都测量声速，只要是在同一个构件下，只测量一次声速即可。

第二步：跨缝测试，得到一组测距及相应的声参量。

测量一组与测距 L_0、L_1、L_2 相对应的超声波在混凝土中的声参量，为第三步的计算准备数据。该组测距在测量前设定，用初始测距 L_0 累加测距调整量 ΔL 得到。

第三步：计算裂缝深度。

手动检测方法是根据波形相位发生变化时测距和裂缝深度之间的关系得到缝深。其首要目的就是寻找波形相位变化点，如图 5-15 所示，从图 5-15（a）到图 5-15（b）再到图 5-15（c）缓慢移动换能器的过程中会出现波形相位变化的现象，移动过程中只要发现波形相位发生跳变（图 5-15（b）），立即停止移动，记录当前的位置并输入到仪器，即可得到缝深。

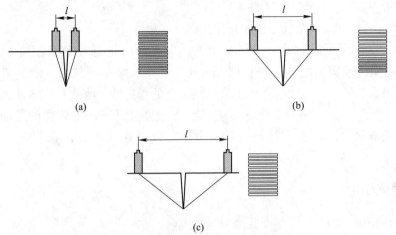

图 5-15　裂缝测深仪手动测试示意图
（a）测距较小；（b）临界点附近；（c）测距较大

5.3.1.8　隧道收敛监测

隧道收敛监测的目的是通过监测发现隧道中心的变化，为隧道安全施工和后期使用提供可靠的数据。

常用的监测仪器为收敛计，一般精度要求 0.06mm。对隧道进行收敛监测，必须在隧道施工时进行测点埋设。

安装测点时，在被测结构面用凿岩机或人工方法钻孔径为 40~80mm、深 20mm 的孔，在孔中填塞水泥砂浆后插入收敛预埋件，尽量使两预埋件轴线在基线方向上并使销孔轴线处于垂直位置，上好保护帽，待砂浆凝固后即可进行量测。收敛预埋件如图 5-16 所示。

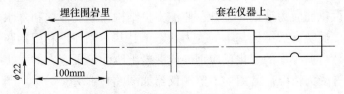

图 5-16　收敛计预埋件示意图

每次观测结束后，都要进行收敛值计算。初次量测在钢尺上选择一个适当孔位，将钢尺套在尺架的固定螺杆上。孔位应选择在能使钢尺张紧时与百分表（或数显表）顶端接触且读数在 0~25mm 的范围内。拧紧钢尺，压紧螺帽，并记下钢尺孔位读数。再次量测，按前次钢尺孔位将钢尺固定在支架的螺杆上，按上述相同程序操作，测得观测值 R_n。按下式计算净空变化值：

$$U_n = R_n - R_{n-1} \tag{5-7}$$

式中　U_n——第 n 次量测的净空变形值；

　　　R_n——第 n 次量测时的观测值；

　　　R_{n-1}——第 $n-1$ 次量测时的观测值。

计算完成后，要对数据进行分析处理。首先做出时间-位移及距离-位移散点图，对各量测断面内的测线进行回归分析，并用收敛量测结果判断隧道的稳定性，如果收敛值过大，应改善周围岩体或土体的稳定性，改变开挖方法或改变凿岩爆破参数及一次爆破的规模，尽量减小开挖对周围岩（土）体的扰动；加强支护；或采取以上几种方法进行综合处理，以确保其收敛值在规范允许的范围内。

5.3.2　受力监测

5.3.2.1　支护结构内力监测

支护结构失效、支护结构发生的结构性破坏、土体过大变形对施工现场、施工周边环境和建（构）筑物施工安全的影响很严重，因此应视工程实际情况进行支护结构内力监测，以避免支护结构因内力超过极限强度而引起支护结构局部甚至整体的失效，确保深基坑施工安全。

支护结构内力可采用安装在结构内部或表面的应变计或应力计进行量测。混凝土构件可采用钢筋应力计或混凝土应变计等量测，钢构件可采用轴力计或应变计等量测。

A　基本原理

深基坑支护结构内力监测主要包括围护结构应力监测、支撑体系应力监测以及主体结构（如梁、板）内力监测等，一般采用钢筋应力计、应变计及频率接收仪进行测量，通常在具有代表性位置的钢筋混凝土支护桩体或地下连续墙的主受力筋上布设钢筋应力计或应变计，监测支护结构在基坑开挖和降水过程中的应力变化，从而反映支护结构基本的受力状态。其基本原理是利用钢弦式钢筋计或混凝土应变计自振频率的变化反应钢筋或混凝土所受拉压应力的大小，以求得钢筋混凝土构件受力情况。常用内力监测仪器如图 5-17 所示。

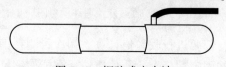

图 5-17　钢弦式应力计

该应力计一般布置在基坑支护结构迎土面和背土面两组，在钢筋混凝土支撑上一般布置在四角处主筋上，采用焊接（钢筋计要求采用焊接）或绑扎的方式。测量时，采用频率接收仪测得钢筋计自振频率，通过计算可得出钢筋计应力，其计算公式为：

$$\sigma_s = K_0(f_1^2 - f_0^2)/S \tag{5-8}$$

式中　σ_s——实测钢筋计应力，MPa；

　　　K_0——标定系数，N/Hz^2；

　　　f_0——应力计初始频率，Hz；

　　　f_1——应力计测试频率，Hz；

　　　S——应力计截面积，mm^2。

B　围护桩（墙）内力监测

深基坑围护结构在深基坑工程施工中起着非常重要的作用，大多采用现场浇灌的地下连续墙结构或排桩式灌注桩结构，并配以混凝土搅拌桩或树根桩止水。围护结构的安全稳定是保证安全施工的重要因素，其内力监测分析也异常重要。

围护结构内力监测断面一般选在结构中出现弯矩极值的部位，在平面上，可选择围护结构位于两支撑的跨中位置、开挖深度较大以及水土压力或地面超载较大的地方；在立面上，可选在支撑处和每层支撑的中间，此处往往发生极大负弯矩和极大正弯矩。另外，沿深度方向宜在地连墙迎土面和背土面相同深度处成组布置，以监测该截面内外两侧钢筋受力状况。

基坑围护结构在外力用下沿深度方向的弯矩：

$$M = \frac{1000h}{t}\left(1 + \frac{tE_c}{6E_sA_s}h\right)\frac{\overline{p}_1 - \overline{p}_2}{2} \tag{5-9}$$

式中　E_c，E_s——混凝土和钢筋的弹性模量，MPa；

　　　A_s——钢筋的面积，mm^2；

　　　h——地下连续墙厚度；

　　　t——受力主筋间距；

　　$\overline{p}_1$，$\overline{p}_2$——混凝土结构两对边受力主筋实测拉压力平均值。

C　支撑结构内力监测

深基坑支撑结构主要有钢支撑和钢筋混凝土支撑以及钢格构柱竖向支撑等，一般对于钢支撑可在端头安装轴力计（串联）直接通过轴力计量测出钢支撑所受轴力大小，格构柱内力通过在结构表面焊接钢弦式表面应变计，用频率计或应变仪测读，根据构件截面积和平均应变计算得出。

钢筋混凝土支撑构件在施工过程中主要承受轴向压力，并且随支撑下方土体开挖而逐渐增大，土体开挖完成后逐渐稳定，利用钢筋混凝土构件在受力过程中钢筋与混凝土协调变形原理，根据所测钢筋计应力可求得钢筋混凝土支撑轴力：

$$N = \varepsilon(A_c E_c + A_s E_s) = \frac{\sigma_s}{E_s}(A_c E_c + A_s E_s) \tag{5-10}$$

支撑所承受实测弯矩：

$$M = \frac{1}{2}(\overline{p}_1 - \overline{p}_2)\left(n + \frac{bhE_c}{6E_s A_s}\right)h \tag{5-11}$$

式中　　σ_s——实测钢筋计应力，MPa；

　E_c，E_s——混凝土和钢筋的弹性模量，MPa；

　　　A_s——混凝土和钢筋的面积，mm^2；

　　　ε——混凝土和钢筋的微应变；

$\overline{p}_1$，$\overline{p}_2$——混凝土结构两对边受力主筋实测拉压力平均值；

　　　n——埋设钢筋计的那一层钢筋的受力主筋总根数；

　　　b——支撑宽度；

　　　h——支撑高度。

5.3.2.2　土压力监测

土压力宜采用土压力计量测。土压力仪又称土压力盒，同钢筋计一样，亦分为振弦式和电阻应变式两种，接收仪分别是频率仪和电阻应变仪。构造和工作原理与钢筋计基本相同，如图 5-18 所示为一应变式土压力仪。但不同的是，土压力仪的一侧有一个与土相接触的面，该面受力时引起钢弦振动或应变片变形，由这种变化即可测出

图 5-18　应变式土压力仪

土压力的大小。接触面敏感程度较高，可感应土压力的细小变化。用数显频率仪测读、记录土压力计频率即可。

A　土压力盒的埋设方法

土压力传感器在围护结构迎土面上的安装是现场监测中的难题，压力盒通常会遭到不同程度的损害和破坏，无法获得可靠的数据。造成埋设失败的原因较多，例如在地下墙、钻孔灌注桩等围护结构施工时，都是先成槽或成孔，然后在泥浆护壁情况下设置钢筋笼并浇注水下混凝土；而土压力传感器随钢筋笼下入槽孔，所以其面向土层的表面钢膜很容易被混凝土材料包裹，混凝土凝固后，水土压力很难由压力传感器所感应和接收，造成埋设失败。目前工程实践中较为常用的埋设方法及特点见表 5-7。

表 5-7 压力传感器埋设方法

埋设方法	特 点
挂布法	方法可靠,埋设元件成活率高。缺点在于所需材料和工作量大,由于大面积铺设很可能改变量测槽段或桩体的摩擦效应,影响结构受力。此法更适用于地下连续墙施工的监测
顶入法	顶入法操作简便,效果理想,但需将千斤顶埋入桩墙,加上气、液压驱动管道,投入成本较高
弹入法	压力盒具有较高的成活率,基本上未出现钢膜被砂浆包裹的情况。 弹入法的关键在于必须保证弹入装置具备足够的量程,保证压力盒抵达槽壁土层,同时需与地墙施工单位密切配合,在限位插销拔除诸方面做到万无一失
插入法	此法用于入土深度不大的柔性挡土支护结构
钻孔法	测读到的主动土压力值偏大,被动土压力值偏小。因此在成果资料整理时应予以注意。 钻孔法埋设测试元件工程适应性强,特别适用于预制打入式排桩结构
埋置法	基底反力或地下室侧墙的回填土压力可用埋置法。所测数据与围护墙上实际作用的土压力有一定差别

B 测试数据处理

土压力计算式如下:

$$P = k(f_i^2 - f_0^2) \tag{5-12}$$

式中 P——土压力,kPa;

k——标定系数,kPa/Hz^2;

f_i——测定频率;

f_0——初始频率。

5.3.2.3 孔隙水压力监测

土体运动的前兆是孔隙水压力,如隧道开挖引起的地表沉降、基坑变形等与孔隙水压力变化有着密切的关系。因此,必要时进行孔隙水压力监测可以为开挖掘进提供依据,确保施工安全。

孔隙水压力宜通过埋设钢弦式或应变式等孔隙水压力计测试,如图 5-19 所示为钢弦式孔隙水压力计。

孔隙水压力的观测点的布置视边坡工程具体情况确定。一般原则是将多个仪器分别埋于不同观测点的不同深度处,形成一个观测剖面以观测孔隙水压力的空间分布。

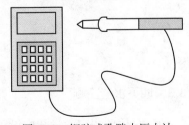

图 5-19 钢弦式孔隙水压力计

埋设仪器可采用钻孔法或压入法,通常以钻孔法为主,压入法只适用于软土层。用钻孔法时，先于孔底填少量砂，置入测头之后再在其周围和上部填砂，最后用膨胀黏土球将钻孔全部严密封好。由于两种方法都不可避免地会改变土体中的应力和孔隙水压力的平衡条件，需要一定时间才能使这种改变恢复到原来状态，所以应提前埋设仪器。

观测时，测点的孔降水压力按下式求出：

$$u = \gamma_w h + p \tag{5-13}$$

式中　γ_w——水的重度；

　　　h——观测点与测压计基准面之间的高差；

　　　p——测压计读数。

5.3.2.4 锚杆及土钉内力监测

锚杆及土钉内力监测的目的是掌握锚杆或土钉内力的变化，确认其工作性能。

（1）锚杆和土钉的内力监测宜采用专用测力计、钢筋应力计或应变计，当使用钢筋束时宜监测每根钢筋的受力。杆体内力监测常用锚杆应力计（图5-20）。

（2）锚杆受力状态的长期监测宜采用振弦式测力计。锚杆的预应力值可用下列方法观测：1）在锚杆中埋设测力传感器测定；2）在锚具中设置油压型测力传感器进行顶升试验测定；3）通过千斤顶进行顶升试验测定。

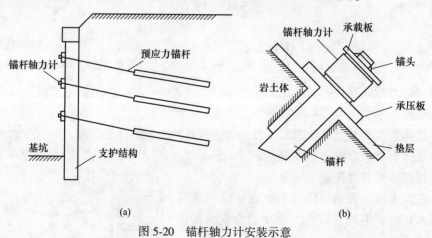

(a)　　　　　　　　　　　(b)

图 5-20　锚杆轴力计安装示意

（a）预应力锚杆；（b）外锚头构成

5.3.3 地下水位监测

地下水位监测宜通过孔内设置水位管，采用水位计进行量测（图5-21）。

地下水位监测主要是用来观测地下水位及其变化，通过测量基坑内外地下水位在基坑降水和基坑开挖过程中的变化情况，了解其对周边环境的影响。基坑外地下水水位监测包括潜水水位和承压水水位监测。

5.3.3.1 水位管安装、埋设

水位管埋设方法：用钻机成孔至要求深度后清孔，然后在孔内放入管底加盖的水位管，水位管与孔壁间用干净细砂填实至离地表约 0.5m 处，再用黏土封填，以防地表水流入。水位管应高出地面约 200mm，孔口用盖子盖好，并做好观测井的保护装置，防止地表水进入孔内。

承压水水位管埋设尚应注意水位管的滤管段必须设置在承压水土层中，并且被测含水层与其他含水层间应采取有效隔水措施，一般用膨润土球封至孔口。

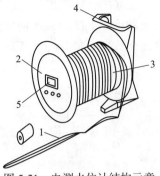

图 5-21 电测水位计结构示意
1—测头；2—绕线盘；3—电缆；
4—支架；5—电压表

5.3.3.2 监测数据与分析

水位管埋设后，应逐日连续量测水位并取得稳定初始值，监测值精度为 $\pm10mm$。特别需要注意的是，初值的测定宜在开工前 2~3d 进行，遇雨天，应在雨后 1~2d 测定，以减少外界因素影响。根据监测数据可绘制水位变化时程曲线。

实践表明，水位孔用于渗透系数大于 $10^{-4}cm/s$ 的土层中，效果良好，用于渗透系数在 10^{-4}~$10^{-6}cm/s$ 之间的土层中，要考虑滞后效应的作用。用于渗透系数小于 $10^{-6}cm/s$ 的土层中，其数据仅能作参考。

5.3.4 异常迹象监测

基坑工程除上述预警指标外还需对基坑支护结构、施工工况、监测设施以及周边环境进行巡视检查。应将仪器监测结果与巡视检查结果进行综合分析，以更全面地反映基坑的真实状况。

巡视检查的主要工作有：（1）支护结构的检查主要是支护结构有无较大变形；冠梁、围檩、支撑有无裂缝；止水帷幕有无开裂、渗漏；墙后土体有无裂缝、沉陷及滑移等内容。（2）基坑施工工况主要是开挖的土质情况与岩土勘察报告有无差异；场地地表水、地下水排放状况是否正常，基坑降水、回灌设施是否运转正常；基坑周边地面有无超载等情况。（3）监测设施的检查主要是基准点、监测点完好状况；监测元件的完好及保护情况以及有无影响观测工作的障碍物。（4）周边环境的检查包括周边管道有无破损、泄漏情况；周边建筑有无新增裂缝出现；周边道路（地面）有无裂缝、沉陷等内容。

5.3.5 自动化监测

由于深基坑施工安全监测涉及对海量信息的采集与处理，因此，基于物联

网、互联网、数据挖掘、信息管理等技术的自动化监测系统，成为保障安全预警功能的重要支撑。一般而言，深基坑自动化监测系统主要包括如下功能：（1）自动化数据采集；（2）无线远程传输；（3）数据分析处理（图5-22）。

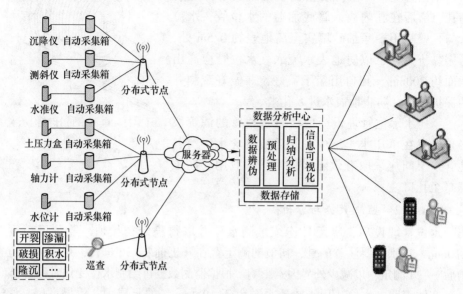

图 5-22　深基坑自动化监测系统

自动化数据采集模块主要由前端传感器、无线传输设备、自动采集箱等构成，可实现对施工现场监测数据的自动采集与临时存储。其中，测量仪器（测斜仪、土压力计、沉降计、轴力计、钢筋计、孔隙水压力计、自动全站仪等）的自组网通信装置，能够与现场中继器逐一配置，形成一对多点的分布式无线通信网络，从而实现对测点数据的自动采集。

无线远程传输模块主要由基站、远程传输装置、服务器等组成，可实现对远程监测数据的无线传输、下载与存储。需要获取数据时，系统主机与数据采集设备相连即可获得。对此，物联网、互联网、移动通信等技术成为重要基础，其中，ZigBee 无线通信技术因其具有低能耗、低成本、短延时、高容量、高安全等特点被广泛采用。

数据分析处理模块主要是通过软件计算以实现对即时监测数据的分析与处理，具体涉及数据辨伪、预处理、归纳分析、信息可视化等功能。该模块需以致灾机理、技术标准、工程经验、预警需求为核心基础，合理运用数据分析技术对监测数据深度挖掘，以实现对态势判别与控制决策的充分支持。

总体而言，深基坑施工自动化监测系统具有实时性、高效性、系统性、稳定性、同步性等核心优势，充分消除了传统监测耗费人力、时效滞后、处理偏差等问题，能够为安全预警及时提供客观、连续、精准的数据支持，从而为整个施工安全保驾护航。

5.4 动态监测仪器

5.4.1 监测仪器类型

对于深基坑工程监测，可根据监测项目与精度要求，按照经济、安全、适用、可靠等因素来选择合适的监测仪器，见表5-8。

表5-8 各类监测仪器适用范围

仪器	实图	适用范围
水准仪		①浅埋地面和基坑围护结构及支撑立柱的沉降；②地表管线的沉降；③周围建筑物、构筑物及周围地表沉降；④分层沉降管管口的沉降
经纬仪		①浅埋地表和基坑围护结构及支撑系统的水平位移；②道路、管线的水平位移；③深基坑施工引起的周围建筑物的水平位移和倾斜；④测斜管管口的水平位移
多点位移计		多点位移计（位移计组3~6支）适用于长期埋设在水工结构物或土坝、土堤、边坡、隧道等结构物内，测量结构物深层多部位的位移、沉降、应变、滑移等，可兼测钻孔位置的温度
测斜仪		①有效且精确地测量土体内部水平位移或变形；②测临时或永久性地下结构（如桩、连续墙、沉井等）的水平位移；③通过变化，计算水平位移
收敛计		用于测量两点之间相对距离的一种便携式仪器，是用于测量和监控暗挖隧道周边变形的主要仪器
分层沉降仪		①坑、堤防等底下各分层沉降量；②测试数据变化，可以计算沉降趋势，分析其稳定性，监控施工过程等

续表 5-8

仪器	实图	适用范围
裂缝宽度观测仪		可广泛用于桥梁、隧道、墙体、混凝土路面、金属表面等裂缝宽度的定量监测
倾斜仪		用于长期测量混凝土大坝、面板坝、土石坝等水工建筑物的倾斜变化量，同样适用于工民用建筑、道路、桥梁、隧道、路基、土建基坑等的倾斜测量，并可方便实现倾斜测量的自动化
土压力盒		可用于长期测量土堤、边坡、路基等结构内部土体的压应力
电阻应变仪		配合电阻应变片测量应变的专用仪器，一般由电桥、放大器与指示器等组成。电桥将应变片的电阻变化转换为电压信号，通过放大器放大后，由指示器指示应变读数。在进行动态应变测量时，则还需要配置记录器（例如光线示波器与磁带记录仪等），以记录应变随时间变化的关系曲线
位移计		用于监测水平和竖向位移。可用于监测土坝、边坡等结构物的位移、沉陷、应变、滑移等
应变计		用于混凝土结构或钢结构表面的应变测量
单点位移计		可用于铁路、水利大坝、公路、高层建筑等各种基础沉降测量

5.4.2　监测仪器选择

在前述监测仪器适用范围的基础上，对深基坑工程监测仪器的选择，应遵循如下原则：

（1）精度适用。监测仪器的精度与量程应能满足实际需求。对此，应根据岩性、计算值或模型试验值等预测最大值和最小值，进而确定监测仪器的精度和量程。

（2）稳定可靠。监测仪器应稳定耐用、功能可靠，能适应潮湿、振动、粉尘，甚至涌水、爆破等恶劣环境。

（3）经济合理。监测仪器的选择，应在满足安全可靠的前提下，遵循少而精的经济性原则，以合理控制相应的监测成本。

（4）操作便捷。监测仪器宜设置简单、安装快捷、易读易用，且对深基坑施工干扰影响小。

6 深基坑施工变形趋势预测

深基坑开挖使得原有土体应力发生改变并产生位移，若控制不力则可能造成基坑变形过大、失稳，乃至周边环境的严重破坏，所以对深基坑施工安全现状及其发展趋势的掌握至关重要。然而，由于岩土体材料的多样性、非均质性及各向异性，致使尚无法建立精确的数值分析模型，相应模拟结果与工程实际也偏差较大。考虑到外部变形是水土作用复杂机理的综合表征，因此，对监测数据隐含规律的充分挖掘，成为实现深基坑施工变形预测的重要途径。

6.1 变形预测基础

6.1.1 变形发展机理

结合工程实例与既有文献可知，深基坑施工变形主要可分为围护结构变形、坑底隆起变形、坑外土体变形 3 类。三种变形内在关联且相互影响，如图 6-1 所示。

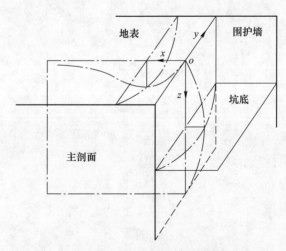

图 6-1 深基坑施工变形示意图

在深基坑开挖过程中，由于坑内土体的不断卸载，致使围护结构在受力不平衡的情况下产生不规则变形；同时，基坑底部因原有平衡应力状态被破坏，在水土荷载增大的情况下，产生坑底隆起变形；随着前两种变形的发生与发展，坑外土体原始平衡状态亦被不断破坏并产生变形。需要说明的是，基坑周边既有结构的变形均是因外部土体变形所引致的，因此，将既有结构变形纳入外部土体变形的类别。

6.1.1.1 围护结构变形

通常情况下，围护结构变形主要包括围护结构水平位移与围护结构竖向位移。

围护结构水平位移主要是基坑开挖后，在内外土压力差作用下，围护结构受侧向挤压产生的位移。当开挖较浅或未设支撑时，围护结构水平位移表现为悬臂式变形，结构绕底部以下某点向坑内旋转，结构顶部位移最大，总体呈"倒三角形"（图6-2）；当加设支撑后，围护结构水平位移表现为结构中部向坑内凸出的变形，支撑处位移最小，开挖面附近位移最大，总体呈"抛物线形"（图6-3）。

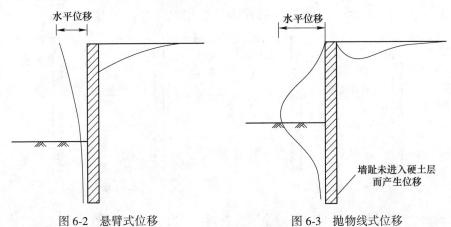

图6-2 悬臂式位移　　　　图6-3 抛物线式位移

在实际工程中，由于支撑架设需要一定的时间（尤其是混凝土支撑强度的形成），使得围护结构水平位移多表现为上述两种形式的叠加（图6-4），一般称为组合式位移。

围护结构竖向位移则可进一步细分为"上浮"与"下沉"两类。其中，围护结构上浮主要是由于基坑开挖后，土体自重应力释放，产生上浮力致使围护结构向上产生位移，在软土地区此种变形较为明显；围护结构下沉以地下连续墙、混凝土灌注桩等居多，主要是由于底部清孔不净或沉积物导致围护结构下沉。

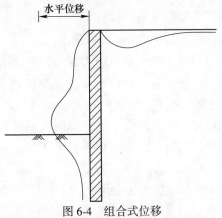

图6-4 组合式位移

对于常规基坑工程，围护结构竖向位移普遍较小，但在地质条件复杂的情况下，支护结构易发生不均匀沉降，严重时可能导致冠梁拉裂、立柱破坏等问题，此时对竖向位移应充分考虑。

6.1.1.2 坑底隆起变形

坑底隆起变形是基坑开挖导致原有应力状态破坏，致使坑底土体向上产生位移，一般分为弹性隆起和塑性隆起两类。

当开挖深度较浅时，坑底土体因卸荷产生的隆起变形称为弹性隆起，主要表现为"中间大、两侧小"（图 6-5）。由于此时内外土层高差较小，产生的应力也较小，所以若不再下挖，隆起变形则会很快停止。但若继续开挖，当土层高差达到一定限值时，在较大土层压力与地面超载作用下，会出现坑外土体向坑内移动的趋势，除弹性隆起外还会产生塑性隆起，主要表现为"中间小、两侧大"（图6-6），同时在基坑周边产生较大的塑性区，并引起周边地表沉降。

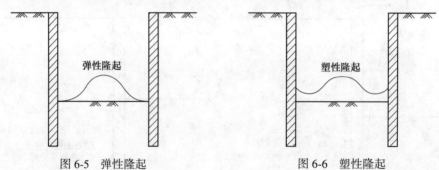

图 6-5 弹性隆起   图 6-6 塑性隆起

此外，导致坑底隆起变形的原因还包括：（1）围护结构在坑外土体自重作用下向坑内挤压，导致被动区土体三向受拉剪切变形，使得坑底土体产生向上变形；（2）因不确定因素或控制不力，导致坑底土体吸水后体积膨胀产生变形；（3）若坑底存在承压水，开挖卸荷使得原有水压力失去荷载约束，导致坑底土体产生隆起变形。

6.1.1.3 外部土体变形

外部土体变形一般表现为周边地表的沉降，虽然地层变形具有一定的分层性，但整体变形趋势明显，沉降由地表向下传递，根据工程实践经验，可分为"三角形沉降"与"抛物线形沉降"两种典型形态。当围护结构入土深度不大、地层较为软弱或未架设支撑时，呈现为三角形沉降（图 6-7），最大沉降点位于围护结构附近；当围护结构入土深度较大或土质较硬时，呈现为抛物线形沉降（图 6-8），最大沉降点距结构有一定距离。

外部土体产生变形是由于围护结构变形与坑底隆起变形共同导致坑外土体水平向应力显著减小，进而导致坑外土体出现向坑内流动的趋势并发生塑性变形。

因此，围护结构变形、坑底隆起变形是引起地表沉降最为主要的原因。当基坑处于土质较好地区或开挖深度较浅时，土体塑性流动性较弱，地表沉降不会过大；当基坑处于软土地区或开挖深度较大时，土体塑性流动性较大，外部土体向坑内、坑底流动，引致地表沉降较大。此外，外部土体变形还与坑外超载、地下水渗流、土体固结等诸多因素相关。

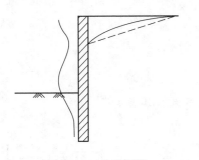 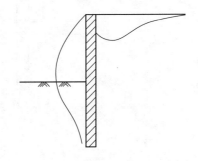

图 6-7　三角形沉降　　　　　　　　图 6-8　抛物线形沉降

已有工程经验表明，坑外土体变形对周边环境的影响最为显著，影响范围约为 2~3 倍的开挖深度，影响范围内的既有结构均存在结构变形风险，如建筑、隧道、桥梁、公路、管线、铁路等。

6.1.2　变形预测内容

基于前述变形发展机理，可知深基坑施工变形影响因素众多且动态耦合，所以仅通过前期勘察、设计等工作难以实现对深基坑施工变形的精准控制。因此，为保证深基坑及其周边环境的稳定性，有必要通过现场监测以实现对施工变形的有效预测。根据已有研究及工程实践可知，变形预测各项工作的开展，首先应根据预警需求明确变形监测范围、对象及相应预测指标。

6.1.2.1　变形监测范围

监测范围的合理性是高效开展变形预测的基础保证，监测范围过大，费时费力、数据冗杂，易造成不必要的浪费；监测范围过小，则难以充分确保周边环境的稳定性。已有研究通过大量工程实践及仿真分析，提出了深基坑开挖对周边环境的影响分区，但由于受地质条件、开挖深度、施工方案、支护参数以及既有结构刚度等众多因素的影响，尚未形成清晰统一的分区标准。

经文献梳理，发现对深基坑开挖影响分区的研究，多以 Capse 提出的坑外土体破裂面对数螺旋线位移模式为基础（图 6-9），并结合工程实例与监测数据对影响分区加以确定。现有对深基坑开挖的环境影响分区如图 6-10~图 6-12 所示（A 区为主影响区，B 区为次影响区，C 区为无影响区）。

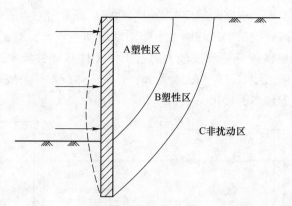

图 6-9 坑外土体破裂面对数螺旋线位移模式

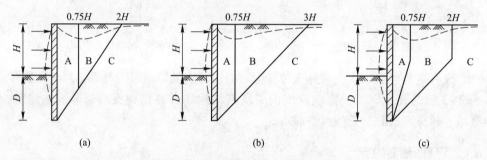

图 6-10 坑外横向土层影响分区示意

(a) 砂土；(b) 硬塑至坚硬黏土；(c) 软塑至可塑黏土

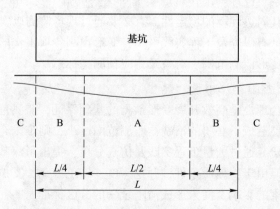

图 6-11 坑外纵向土层影响分区示意

6.1.2.2 变形预测指标

在确定变形监测范围的基础上，还需明确变形监测对象及预测指标。变形监测对象主要包括深基坑工程及其周边环境中需要保护的对象，如既有建筑、隧

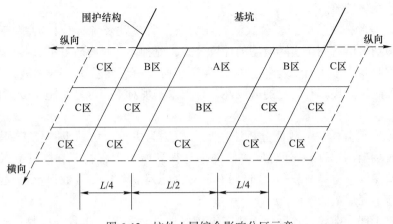

图 6-12 坑外土层综合影响分区示意

道、管线、桥梁、公路、铁路等。变形预测指标则应具有可量测性，并应能准确灵敏地反映监测对象的安全稳定性。

通过对相关文献及现行标准的梳理，汇总得出深基坑施工变形预测指标，见表 6-1。需要说明的是，由于深基坑工程之间差异性较大，所以对于不同深基坑施工变形预测指标的选取，应依据设计文件、预警需求及工程实际综合确定。

表 6-1　深基坑施工变形预测指标

监测对象	变形预测指标
深基坑工程	围护顶部水平位移、围护顶部竖向位移、深层水平位移、立柱竖向位移、支撑内力、立柱内力、锚杆内力、坑底隆起、围护侧向土压力、孔隙水压力、地下水位、土体分层竖向位移、地表竖向位移
既有建筑	建筑竖向位移、建筑水平位移、建筑倾斜
既有隧道	隧道竖向位移、隧道水平位移、变形缝差异沉降、轨道竖向位移、轨道静态几何形位（轨距、轨向、高低、水平）
既有管线	管道竖向位移、管道水平位移、管线差异沉降
既有桥梁	墩台竖向位移、墩台差异沉降、墩柱倾斜、梁板应力

6.1.3　变形预测方式

经文献梳理与实例分析，发现目前对深基坑施工变形的预测方式主要包括理论推导、数值分析、经验公式、数据驱动四类。

（1）理论推导法。理论推导法是基于对深基坑施工变形机理的深入分析，运用数学、土力学、弹塑性力学等科学手段以实现对施工变形量的预先估算，但由于现有土力学尚难以精确描述复杂地质条件及动态耦合关系，所以此种方式预测准确性总体较差。

（2）经验公式法。经验公式法是在大量工程实践及统计分析的基础上，通过数学归纳得出适用于实际应用的计算公式，此种方式具有较好的指导性和实用性，运用时需注重统计数据质量的优劣。然而，由于深基坑工程之间差异性较大，所以此种方式具有较强的区域性，且难以实现对不同深基坑施工变形的高精度预测。

（3）数值分析法。数值分析法以反分析法为主流，是基于基坑工程的先验信息（现场监测数据），通过反演模型推算得到所需工程技术参数（初始应力、本构模型参数、边界荷载等），进而有针对性地建立基坑工程数值分析模型，以实现对施工变形量的预测。

相较于理论推导法，反分析法能够较好地处理深基坑工程非线性、非匀质、复杂边界等问题，并能够较好地实现基坑施工各阶段变形趋势的预测，此种方式多用于支护结构、施工方法及监测方案等相关设计工作。然而，由于地质条件的多样性、岩土材料的复杂性、施工过程的动态性及不确定性，使得仿真预测结果存在准确性显著不足的问题。

（4）数据驱动法。数据驱动法是通过挖掘历史数据的隐含规律，在提炼测点变形特征及发展趋势的基础上，构建相应施工变形预测模型，以实现对未来目标变形量的预测。此种方式将深基坑工程复杂的变形机理视为"黑箱"，进而从系统性角度认为深基坑变形是众多影响因素动态耦合的综合体现，换言之历史数据内部隐含着施工变形的演化规律。

综上所述，可知现有深基坑施工变形预测理论及方法仍处于发展阶段，由于深基坑工程受多场（应力场、温度场、渗流场）、多相（气相、液相、固相）等众多因素动态耦合的影响，所以尚无法建立能够精准反映施工变形内在机理的分析模型。

就现有预测方式而言，其中：（1）理论推导法未充分考虑深基坑施工过程的时空效应，预测准确性较差；（2）经验公式法对同一区域相似基坑的变形预测具有较好的指导性与实用性，但难以对差异较大的深基坑工程实现高精度变形预测，总体而言适用性相对较差；（3）数值分析法（反分析法）虽在一定程度上能够实现对变形趋势的合理预测，但预测偏差较大，有时甚至与实测值相差数倍，多应用于大型深基坑工程设计及方案优化等相关工作；（4）数据驱动法是通过挖掘历史数据的隐含规律，以实现对未来变形趋势的有效预测，相较其他预测方式而言，其预测精度更高且适用性更强。

6.1.4　变形预测目标

基于数据驱动的深基坑施工变形预测，其本质上属于时序分析的范畴，主要通过对历史监测数据的数理分析，提取变形幅度、速率、方向等特征规律，以实现对目标变形量的高精度预测。因此，首先有必要明确深基坑施工变形的数据特征，主要体现为非线性、动态变异性、历史依赖性及样本量局限性，具体说明见表6-2。之后，在明确变形数据特征的基础上，进一步结合坍塌警情诊断在准确性、动态性、预先性、高效性等方面的实际需求，确定施工变形预测的核心目标，具体为"高精度、高效率、深度挖掘、动态适应、超前预测"，如图6-13所示。

表6-2 深基坑施工变形数据特征

数据特征	说　明
非线性	由于水土作用的复杂性，使得施工变形数据呈现出显著的非线性特征，即其隐含规律难以通过清晰统一的函数式予以表达
动态变异性	由于受众多不确定因素以及因素之间动态耦合的影响，数据变化具有动态变异性，具体体现为瞬时性、随机性及突变性
历史依赖性	当前时刻的发展趋势与之前若干时刻的变化态势紧密关联
样本量局限性	由于不同深基坑工程之间差异性较大，所以受监测技术、频率及成本等因素的限制，监测数据样本量多具有一定的局限性

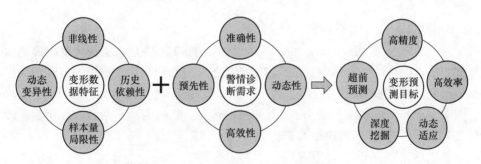

图6-13 深基坑施工变形预测目标

（1）高精度。根据工程实际可知，深基坑安全状态的转变具体反映为相应施工变形的微量变化，因此，对施工变形的高精度预测既是准确掌握深基坑安全态势的根本保证，也是有效避免虚警、漏警等诊断偏差的关键所在。

（2）高效率。由于深基坑坍塌警情的发展过程较为迅速，所以施工变形预测的运算过程应具备高效性，以充分满足警情诊断的动态需求。

（3）动态适应。基于变形数据的非线性与动态变异性，可明确施工变形预测应具备良好的动态适应性，即应能及时跟踪数据变化趋势，更新预测模型（"新陈代谢"理念），并尽可能降低因"变化惯性"（继续保持原变化率的趋势）导致的预测偏差。

（4）深度挖掘。基于变形数据的历史依赖性与样本局限性，可明确施工变形预测应具备良好的深度挖掘能力，即在监测数据有限的情况下，能够在合理范围内利用时序数据的历史依赖关系，并充分提取数据内在的隐含特征，以提高施工变形预测的精准性。

（5）超前预测。为能及时明确警情并加以有效控制，对施工变形的超前预测能为后续警情诊断与安全控制提供必要的时间支持。

需要说明的是，已有研究多侧重于对变形数据非线性、动态变异性及历史依赖性的有效处理，但鲜有考虑监测数据样本量局限的客观实际。由于深基坑工程之间差异性较大，所以受监测技术、频率及成本等因素的限制，使得获取的监测数据相对较少。在监测数据有限的条件下，变形预测模型易因训练样本过少，导致特征提取不充分，减弱其泛化能力，并最终致使预测精度降低。上述不足使得变形预测模型的适用性相对较差。

6.2　变形预测方法

经文献梳理，已有深基坑施工变形预测模型多是基于灰色理论、时序分析、机器学习等预测技术构建形成的单一模型或组合模型。

6.2.1　预测方法类型

6.2.1.1　灰色预测模型

灰色预测模型（grey prediction model，GM(1,1)）是基于灰色系统理论的预测方法。GM(1,1)是由我国邓聚龙教授于20世纪80年代提出的一种预测模型，研究框图如图6-14所示（其中，a 为发展系数，它的大小及符号反映 $x^{(0)}(k)$ 及 $x^{(1)}(k)$ 的发展态势；b 是系统的输入，它的内涵是系统的作用量，故称之为灰作用量）。即对原始数据作累加生成，得到近似的指数规律再进行建模的方法。其研究对象是"部分信息已知，部分信息未知"的小样本、贫信息的不确定性系统，用于解决小样本、贫信息的不确定性问题。灰色理论认为对既含有已知信息又含有未知或非确定信息的系统进行预测，就是对在一定范围内变化的、与时间有关的灰色过程的预测。

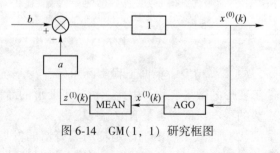

图6-14　GM(1,1)研究框图

尽管过程中所显示的现象是随机的、杂乱无章的，但毕竟是有序的、有界的，因此这一数据集合具备潜在的规律。灰色预测就是利用这种规律建立灰色模型，对灰色系统进行预测。

GM(1,1)的优点是不需要很多的原始数据，最少4个数据就能够解决不确定性的预测问题。其利用微分方程能够充分挖掘信息的本质，实现高精度预测，能将无规律的原始数据处理得到规律性强的生成序列，运算简单、易于检验。但需要说明的是，GM(1, 1) 模型的应用并不是任意的，发展系数 a 的大小限制了原始 GM(1, 1) 模型的应用预测范围。如若强行将 GM(1, 1) 模型用作做不适宜的预测，则预测值的精度势必会较低，也不具有实际性意义，所获得的预测数据也不具有很大的参考价值。

6.2.1.2　自回归融合滑动平均模型

自回归融合滑动平均模型（autoregressive integrated moving average model, ARIMA）是时序分析的重要方法，是以自回归模型（AR）、滑动平均模型（MA）、自回归滑动平均模型（ARMA）为基础建立的综合性预测模型。该模型的基本思想是将预测对象随时间推移形成的数据序列视为一个随机序列，用一定的数学模型来近似模拟这个序列。该模型一旦被识别后就可以从时间序列的过去值及现在值来预测未来值，相应建模步骤如图 6-15 所示。

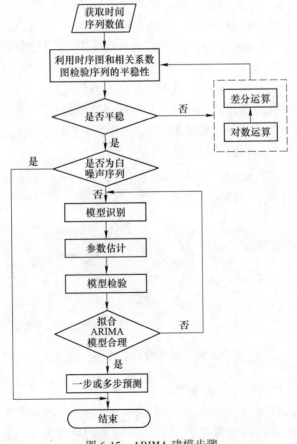

图 6-15　ARIMA 建模步骤

ARIMA 的优越性在于模型十分简单，只需内生变量而不需要借助其他外生变量。然而也存在一定的限制条件。其一，要求时序数据是稳定的，或者是通过差分化后是稳定的，因此在分析前必须对时间序列进行平稳化处理。其二，本质上只能够捕捉线性关系，而不能捕捉非线性关系。

6.2.1.3　BP 神经网络模型

BP 神经网络算法所依据的基本原理就是梯度下降法，它有调节各神经元节点权值的能力，从而将神经网络的实际输出数值与期望输出数值的误差控制在最小的误差范围内。对于神经网络来说，其模型的学习就是一种将误差一边后传一边修正权重系数的过程。在运用 BP 学习算法建立多层网络模型时，要明确的是模型包含两个传播过程。首先是将获得的数据从输入层输入到模型中，然后不断经过各个隐含层进行计算、传输，最后数据流通过输出层输出。若通过模型计算的结果与期望的结果不相符合，那么此时数据流就会开始反向传播，在此过程中可通过修改每层神经元的权值来调节误差，使得误差达到预期。

BP 神经网络模型主要由输入层、中间隐含层和输出层三个部分组成，是一个多层网络模型，BP 神经网络的中间隐含层最少为一个，也可以是多个，所以最简单的 BP 神经网络是三层神经网络，这也是应用最广泛的神经网络模型。神经网络的每一层都是由多个神经元节点构成，各层的神经元节点之间通过函数进行传递，而且处于同一层次的神经元节点之间没有信息关联，每层的神经单元只能接受前面神经单元的信息数据，经过神经网络模型的各层传递，由输出层输出最后的结果。网络的信息流从输入层通过中间层（隐层）流向输出层。只具有一个隐含层的神经网络模型结构如图 6-16 所示。

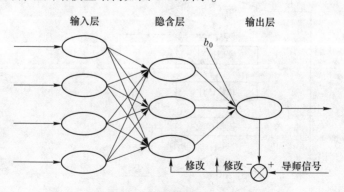

图 6-16　BP 神经网络基本结构

6.2.1.4　最小二乘支持向量机模型

最小二乘支持向量机（least squares support vector machine，LSSVM）是支持向量机（SVM）的一种改进算法，是在优化问题的处理上对支持向量机进行改进，选取了不同的损失函数，将不等式约束条件变为等式约束条件，从而避免了二次规划问题。虽然精度有所降低，但是求解的速度明显提高，因此得到了广泛的应用。

LSSVM 模型和 SVM 模型都是在统计学习理论和结构风险最小化理论上建立起来的机器学习方法。区别在于优化目标函数和约束条件的不同，从而引起了两种方法在应用中的区别（表 6-3）。

表 6-3　LSSVM 与 SVM 模型的区别

区　　别		LSSVM	SVM
构造优化问题	目标函数	误差因子的二次项	误差因子的一次项
	约束条件	等式约束	不等式约束
求解优化问题	训练样本数量	线性方程组	矩阵元素
	求解难易程度	大样本求解容易	大样本求解困难
解的稀疏性	决策函数	取决于全体样本	取决于少量样本
	全局最优解	无法得到，但精度高	可得到

6.2.1.5　深度学习预测模型

A　循环神经网络

循环神经网络（recurrent neural network）是一种擅长处理时间序列数据的神经网络，隶属于机器学习领域的深度学习子类，其优势在于其内部嵌入的网络记忆机制与高精度预测能力，该方法近年来不断被应用于各个领域，如语音识别、语言翻译、股票预测等。

需要特别说明的是，现有文献中 RNN 可指代两种神经网络：循环神经网络（recurrent neural network）与递归神经网络（recursive neural network），其中前者在时间上展开，用于处理时间序列信息，是有环图；后者在空间上展开，用于处理树状结构信息，是无环图。由于二者存在较大差别，不应混淆应用，本书中 RNN 均为循环神经网络（recurrent neural network）的简写。

RNN 的核心之处在于循环，体现为隐藏层按时间顺序连接，即可以通过隐藏层将历史信息特征进行存储，并运用于后期序列输出运算。相较于已广泛使用的 BP 神经网，RNN 在时序数据分析方面具有极大优势。BP 神经网络属于前馈神经网络，网络结构层之间通过全连接方式联结，且同层神经元之间各自独立，即在信息传递过程中不存在记忆能力；RNN 则是在传统神经网络的基础上引入时序理论，通过隐藏层相互连接的方式存储历史信息，并将这些信息用于当前神经元的输出和下一时刻信息的传递。两种方法网络结构如图 6-17 所示。此外，传统神经网络各节点权值和偏差值互不相同，计算较为复杂；而 RNN 的各层之间采用权值共享的方式，实现了每一时间步的信息互享。

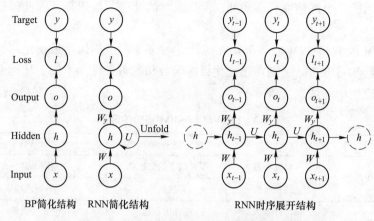

图 6-17 BP 神经网络与 RNN 网络结构对比

RNN 时序展开结构中（图 6-17），每条箭线代表一次变换，x_t、h_t、o_t、l_t、y_t 代表第 t 步的输入值、隐含值、输出值、损失值、目标值；W、W_y、U 等权值共享，全部一致。由此可知，过去时刻输入的数据可以干涉当前时刻神经元的权重和偏差值运算，进而实现对历史信息隐含规律的利用。

然而，RNN 在实际应用过程中暴露出"梯度消失问题"，虽然其可以存储并运用历史数据特征，但当历史数据与此刻任务时间间隔较大时，其对历史信息运用的能力被削弱，即其当前时刻隐藏层状态只与前几个时刻的隐藏层状态有关。导致该问题的关键在于信息传递给后期隐藏层节点时呈递减状态，直至消失为零。RNN 在反向传播过程中同样存在此问题，梯度回传过程随时间不断进行，会导致梯度无限趋近于零或消失，造成网络难以收敛，最终无法得到最优解。对于此类问题，部分研究人员部提出了一些优化方案，如时间搁置算法（1990）、时间常数算法（1992）、分层序列压缩算法（1992）、模拟锻炼和离散误差算法（1994）等，但上述工作仅仅是对问题的改善，直到 LSTM 神经网络的提出（1997），该问题才得以有效解决。

B 长短时记忆神经网络

长短时记忆神经网络（long short term memory network，LSTM）是由 Hochreiter 和 Schmidhuber 于 1997 年提出的，该方法以 RNN 为基础做出了重要改进，并通过实验证明了其能够有效避免梯度消失与梯度爆炸等相关问题。基于 RNN 时序分析的优势与应用推广基础，LSTM 网络在提出后，其应用与发展较为迅速，已被广泛应用于诸多领域，如数据预测、机器翻译、信息检索、图像处理、文本识别、智能问答等，且已获得大量研究成果。

LSTM 网络与 RNN 的主要区别在于控制存储状态结构的不同，两种网络模型的基本运算单元如图 6-18 和图 6-19 所示。相较 RNN 仅对隐藏状态 h_t（hidden state）的传递，LSTM 网络加设了对细胞状态 c_t（cell state）的传递，并通过设置门限结构（遗忘门、输入门、输出门）对传递信息加以控制。其中，细胞状态，也可称之为神经元记忆状态，能够在整个序列处理过程中携带相关信息，可形象理解为"网络记忆"，由此避免了 RNN 因短期记忆影响输出精度的问题；遗忘门（forget gate）是根据上一计算步输出的 h_{t-1} 与当前计算步输入的 x_t，确定当前细胞状态中需要遗忘的信息，对历史信息进行选择性忘记；输入门（input gate）是根据 h_{t-1} 与 x_t，确定当前细胞状态需

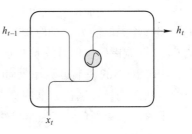

图 6-18 RNN 基本运算单元

要更新的信息，对历史信息进行选择性记忆；输出门（output gate）是用于确定输出细胞状态、隐藏状态需要携带的信息，并传递到下一计算步的分析过程。

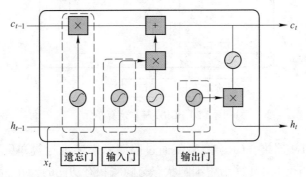

图 6-19 LSTM 基本运算单元

由此可知，LSTM 网络本质原理是通过细胞状态、隐藏状态的传递与门限结构的控制，综合确定需要长期记忆的信息、短期需要的信息及冗余无用的信息。同时，门限结构的设置，使得 LSTM 网络以独特的学习机制，实现对信息记忆的精确提取、更新与合理聚焦，从而有利于在较长时间上进行历史信息追踪与规律利用。

需要说明的是，LSTM 网络在实际应用过程中，由于网络结构的复杂性呈现出如下不足：（1）参数较多，使得参数组合寻优工作过于繁重；（2）模型建立过程中，LSTM 网络训练计算量大且耗时较长。

C 门控循环单元网络

门控循环单元（gated recurrent unit，GRU），也称之为堆栈式门控循环单元，是 Cho 于 2014 年在简化 LSTM 网络结构的基础上，提出的一种更加简单的神经网络模型。该模型在保证其时序分析能力与 LSTM 网络相近的基础上，具有更加

简单的结构、更少的参数以及更好的收敛性。

GRU 网络架构一般包括若干个 GRU 层和 1 个全连接层。其中，输入时间序列反映了时间维度，GRU 隐含层数量反映了模型深度。同时，为降低模型维度，最后一个 GRU 层输出一维向量。从理论层面，随着 GRU 网络深度的增加，网络记忆和特征提取能力会相应提高，在隐藏层宽度相同的情况下，深层 GRU 比浅层 GRU 性能更好，但计算量与运行时间也随之倍增。

GRU 网络的基本运算单元如图 6-20 所示，其中，x_t 为 t 时刻输入变量；h_t 为隐藏状态变量；黑色方框内 "+" "×" "1-" 分别为线性运算符；r 和 u 分别代表重置门、更新门；g 为非线性变换运算符。

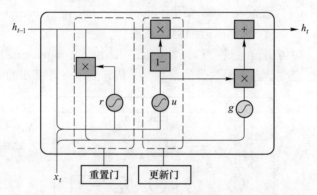

图 6-20　GRU 基本运算单元

相较于 LSTM 网络，GRU 网络仅通过隐藏状态实现运算单元之间的信息传递，其功能相当于 LSTM 网络中细胞状态与隐藏状态功能的合并。此外，GRU 网络的门限结构仅包括重置门（reset gate）与更新门（update gate）。其中，更新门相当于 LSTM 网络中遗忘门与输入门的合成，用于决定应该遗忘的信息与需要记忆的新信息；重置门则用于有效重置记忆单元的记忆，以合理调整当前计算步输出的隐藏状态。

在时序分析时，GRU 网络通过输入时间序列 $x(t)$ 生成目标预测结果 $y(t)$，其前向计算与传统前馈神经网络类似，见式（6-1）和式（6-2）。

$$h_t = f(\boldsymbol{W}_i^h(x_t + b_i) + \boldsymbol{W}_h^h(h_{t-1} + b_h)) \tag{6-1}$$

$$y_t = g(\boldsymbol{W}_h^o(h_t + b_o)) \tag{6-2}$$

式中　x，h，y——分别为输入层、隐含层、输出层相应的数据；

$\boldsymbol{W}_i^h$，$\boldsymbol{W}_h^h$，$\boldsymbol{W}_h^o$——分别为输入层、隐含层、输出层相应的权重矩阵。

GRU 网络的反向计算是采用时间反向传播算法（back propagation through time，BPTT），该算法是将 GRU 网络展开后使用误差反向传播算法（back propagation，BP）对网络进行训练，计算实际输出与真实值之间的误差，按最小平方误差来调整权值矩阵，求出权值梯度并进行迭代更新。GRU 的状态更新方程见式（6-3）。

$$
\begin{cases}
重置门: r_t = \sigma(\boldsymbol{W_r}\boldsymbol{x_t} + \boldsymbol{R_r}h_{t-1} + \boldsymbol{b_r}) \\
候选状态: h'_t = g(\boldsymbol{W_z}\boldsymbol{x_t} + \boldsymbol{R_z}(r_t \odot h_{t-1}) + \boldsymbol{b_z}) \\
更新门: u_t = \sigma(\boldsymbol{W_u}\boldsymbol{x_t} + \boldsymbol{R_u}h_{t-1} + \boldsymbol{b_u}) \\
新状态: h_t = u_t \odot h'_t + (1 - u_t) \odot h_{t-1}
\end{cases}
\tag{6-3}
$$

式中　　$\boldsymbol{x_t}$——t 时刻的输入向量；

$\boldsymbol{W_r}$，$\boldsymbol{W_z}$，$\boldsymbol{W_u}$——与输入相关的权重矩阵；

$\boldsymbol{R_r}$，$\boldsymbol{R_z}$，$\boldsymbol{R_u}$——与循环连接相关的权重矩阵；

$\boldsymbol{b_r}$，$\boldsymbol{b_z}$，$\boldsymbol{b_u}$——偏置向量；

σ，g——激活函数；

$\odot$——点乘。

r_t，u_t——取值范围为 $[0, 1]$，u_t 越小，表示 GRU 网络对历史信息的利用程度越高。

6.2.2　预测方法对比

现对目前较为主流的预测方法进行总结，并分别说明其原理与优缺点，详见表 6-4。

表 6-4　深基坑施工变形预测方法对比

预测方法	原理说明	优　点	缺　点
GM (1, 1)	基于灰色系统理论建立微分预测模型，能够通过少量、不完全信息对灰色系统进行有效预测	适用于小样本、贫信息、混乱无序的数据，短期预测精度较高	易导致预测数据快速增长或衰减，动态适应性较差
ARIMA	对数据进行平稳性识别与处理后，根据偏自相关函数和自相关函数特征，选择性建立 AR 模型、MA 模型或 ARMA 模型	对于平稳或非平稳时序数据均适用；预测模型简单，且不需要借助外生变量	要求数据或差分化后的数据是稳定的，且不能捕捉非线性关系
BP	以模仿人脑处理信息的方式来处理问题。相互连接的神经元集合不断从环境中学习，捕获本质线性和非线性的趋势，并预测包含噪声和部分信息的新情况	网络自适应能力强，能够处理具有非线性、非凹凸性的复杂系统	需要大量数据样本；易陷入局部最小解，无法求得全局最优解

续表 6-4

预测方法	原 理 说 明	优　　点	缺　　点
LSSVM	基于统计学习理论的机器学习模型，用于处理分类和回归问题。通过不断学习训练，获取变量之间的对应关系，进行预测和分类	能处理小样本、高维度、非线性等问题，并避免"维数灾难"和局部极小问题	尚没有有效且明确选择适宜核函数的方法
LSTM	属于深度学习的范畴，是一种具有记忆和遗忘功能的链式循环神经网络，通过门限结构使自循环权重不断变化，进而通过对历史信息的选择性记忆，实现时序数据的智能预测	克服了循环神经网络训练时梯度爆炸与消失的问题，适于处理间隔较长的时间序列	训练时间长；调参工作量繁重；内部结构复杂
GRU	属于深度学习的范畴，是在LSTM 网络的基础上，提出的一种更加简单的神经网络模型，也是通过选择性记忆以实现对时序数据的智能预测	相较 LSTM 网络，结构更简单，参数少，且训练速度快	调参工作量相对较大

　　基于变形预测目标（第 6.1.4 节）与上述方法分析，可明确 GM（1，1）模型动态适应性较差，ARIMA 模型无法捕捉非线性关系，BP 神经网络与 LSSVM 模型缺乏时序分析的针对性。因此，这些方法对深基坑施工变形预测的适用性均较差。

　　若采用 LSTM 网络模型，虽能良好适用于前述变形数据特征与警情诊断需求，但模型训练工作较为繁重，运行计算量也相对较大。相较 LSTM 网络模型，GRU 网络模型是在 LSTM 网络模型的基础上提出的一种更加简单的神经网络模型，该模型在保证时序分析能力与 LSTM 网络相近的基础上，具有结构简单、参数少、训练速度快、运算效率高等优势；需要说明的是，其深度学习的优势特征有利于降低模型训练对数据样本量的需求，从而更加适用于深基坑工程监测样本较为局限的客观实际。

　　综上所述，可知 GRU 网络模型在时序分析、智能记忆、非线性拟合、深度学习、动态适应、便捷高效等方面具有综合性优势，因而对深基坑施工变形预测具有良好的适用性。

　　需要强调的是，除选取先进适用的预测方法之外，还应充分注重变形监测数据质量，以有效规避"进沙出沙"的基础性误区。因此，为保证变形预测效果，

应加强动态监测的规范性，并重点关注变形显著区域、敏感部位及最大变形
测点。

6.3　变形预测模型

6.3.1　结构设计及构建流程

6.3.1.1　结构设计思路

根据 GRU 网络理论基础可知，实现高精度预测需通过足够的训练样本与合
理的网络深度，以充分提取监测数据的隐含特征。就深基坑工程而言，在监测数
据有限情况下，分割尺度过大会造成样本量不足、训练效率下降等问题。因此，
不宜从时间维度对网络深度进行提升，相较而言，增加空间维度就成为提高网络
模型学习能力的有效途径。需要说明的是，GRU 网络层数不应超出合理范围，
否则模型训练难度会非常大，且易造成网络无法收敛的问题。

同时，在 GRU 网络中嵌入全连接层（Dense）以满足预测回归类问题的基础
要求；嵌入 Dropout 正则化函数层，使每层随机丢弃一些神经元，这些神经元不
再参与网络训练，如图 6-21 所示。由此可通过减少权重参数的方式起到正则化
的效果，以有效避免模型过拟合的问题（训练损失开始减少，测试损失开始增
加）。

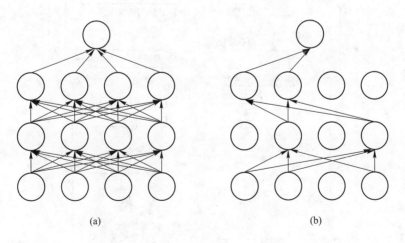

图 6-21　标准神经网络与 Dropout 技术示意图
（a）标准神经网络；（b）Dropout

6.3.1.2　模型结构设计

根据上述结构设计思路，采用堆栈式结构构建深基坑施工变形预测模型的网
络结构，如图 6-22 所示。

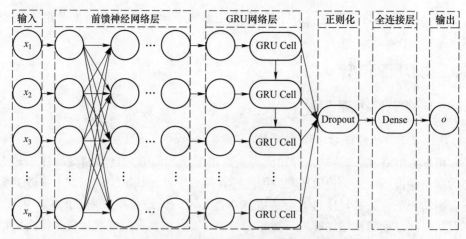

图 6-22 深基坑施工变形预测模型网络结构

6.3.1.3 模型构建流程

在确定网络结构的基础上，可进一步明确预测模型的构建流程，主要包括模型训练与模型预测两个阶段，如图 6-23 所示。

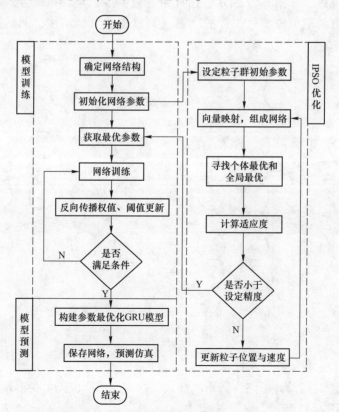

图 6-23 深基坑施工变形预测模型构建流程

A 模型训练阶段

模型训练阶段主要是通过样本训练获取模型的超参数最优解，原因在于超参数将直接影响模型的训练效果与预测精度。超参数最优解是模型取得最优效果时相应的超参数组合，需通过多项超参数的调试综合确定。然而，由于相关超参数涉及分割尺度、初始学习率、迭代次数等较多参数，若采用人工调试方法，难以获得精准最优解或参数寻优效率很低。对此问题，考虑到粒子群算法（particle swarm optimization，PSO）参数少、全局寻优、编程简单等综合性优势，故在对粒子群算法改进的基础上（improved particle swarm optimization，IPSO）进行 GRU 网络超参数寻优。

B 模型预测阶段

模型预测阶段主要是通过已获取最优超参数建立相应的 GRU 网络模型，并在保存模型及更新模型的基础上，对模型进行调用并实现预测。

6.3.2 监测数据预处理

为保证样本数据质量，以满足预测模型训练要求，有必要对变形监测初始数据进行预处理。根据已有研究经验，数据预处理工作主要包括奇异值检验与剔除、缺失值插补、归一化处理等工作，具体如下。

6.3.2.1 奇异值检验与剔除

奇异值（粗差）是指因外界影响、仪器问题或人为失误等导致的与基础数据合理性存在显著差异的异常值。因此，为避免奇异值对预测模型训练产生误导性影响，首先应对监测数据进行奇异值检验与剔除，以保证样本数据的可靠性。需要注意的是，若粗差检验过于严格，则可能将误差较大的正常值剔除，导致有效信息丢失。

目前，常用的奇异值检验方法包括莱依达准则（3σ 准则）、格拉布斯（Grubbs）准则、肖维勒（Chauvenet）准则、狄克逊（Dixon）准则。根据已有研究，对奇异值检验方法进行对比分析，确定方法选取标准如下（设观测样本数为 n）：当 $n \leqslant 200$ 时，选用格拉布斯准则；当 $n > 200$ 时，选用莱依达准则。

（1）格拉布斯准则。格拉布斯准则用于最大、最小异常数据的检验。设等精度独立观测样本值为（X_1，X_2，$\cdots$，X_n），则算数平均值为 $\overline{X} = \dfrac{1}{n}\sum\limits_{i=1}^{n} X_i$；残差值为 $v_i = X_i - \overline{X}$；残差中误差为 $\delta = \sqrt{\dfrac{[v^2]}{n-1}}$；将 X_i 按大小顺序排列为 $X_{(1)} \leqslant X_{(2)} \leqslant \cdots \leqslant X_{(n)}$；若 $|v_i| > \lambda(\alpha, n) \cdot \delta$（$\lambda(\alpha, n)$ 查询相应规范可得），则判定 X_i 为奇异值，应剔除不用。

（2）莱依达准则。莱依达准则适用于监测数据较大时的奇异值检验，该方法认为残差 v_i 出现在 3 倍残差中误差范围以外的可能性非常小，即当 $|v_i| > 3\delta$ 时（变量含义同前格拉布斯准则），则将相应测量值 X_i 判定为奇异值，剔除不用。

6.3.2.2 缺失值插补

在剔除奇异值后，还需对监测数据进行缺失值插补，主要包括两种情况：（1）对奇异值剔除后出现的空缺进行数据插补；（2）深基坑工程在不同阶段的监测频率并非完全一致，因此，为满足模型训练要求，需通过数据插补对监测数据进行等间隔时序变换。

缺失值插补的基本思路是利用相邻测点或测次的可靠资料进行插补，插值方法主要包括线性插值、牛顿插值、分段插值、Lagrange 插值、三次样条（Spline）插值等。由于深基坑施工变形具有高度的非线性，经综合考虑选择三次样条插值法作为缺失值插补的方法，该方法能够良好通过数据平滑曲线实现缺失值插补，克服了分段插值不够光滑、Lagrange 插值难以收敛的问题。

6.3.2.3 归一化处理

为保证预测模型的训练效率，并防止因梯度连乘产生梯度爆炸问题，还需对训练集做归一化处理，将数据缩放至一定范围，以提高模型的收敛速度。缩放范围一般为（-1，1）或（0，1）。采用最大-最小标准化方法（式(6-4)），对输入样本做归一化处理，将数据缩放至（0，1）范围内。

$$x_i = \frac{X_i - \min X}{\max X - \min X} \tag{6-4}$$

式中　　　X——原始序列；

　　　　　X_i——一项原始数据；

$\max X$，$\min X$——分别表示样本数据的最大值与最小值；

　　　　　x_i——归一化处理后的结果。

6.3.3 模型参数确定

模型参数会直接影响其训练效果与预测精度，因此，对模型参数的合理确定成为构建预测模型的关键环节。根据已建立预测模型的网络结构，可明确模型参数主要包括激活函数、优化算法、损失函数及超参数（序列分割尺度、初始学习率、前馈神经网络层数、迭代次数）等。现将各项模型参数确定如下。

6.3.3.1 激活函数确定

激活函数用于向神经网络引入非线性特性，能够在保留数据特征信息的同时剔除部分冗余信息，进而通过各层网络非线性函数的叠加，使神经网络能够逼近各种非线性函数关系，从而具有处理高度复杂非线性问题的能力。

目前，常用的激活函数有 sigmoid 函数、tanh 函数、relu 函数。其中，sigmoid 函数多用于浅层神经网络中，由于其反向传播求梯度时涉及除法，所以在深度神经网络中易产生梯度消失或梯度爆炸问题；tanh 函数相较 sigmoid 函数延迟了饱和期，对神经网络容错性较好，但梯度消失的问题仍然存在；relu 函数能够有效避免梯度消失问题，并具有运算效率高、收敛速度快等优势。因此，选择采用 relu 函数作为预测模型的激活函数。

6.3.3.2　优化算法确定

对 GRU 网络的训练，主要是通过不断更新网络内在权值和偏置项参数，以获得目标函数的最优解。为实现良好的训练效率与训练效果，选择先进适用的模型网络优化算法尤为重要。目前，较为常用的优化算法主要有 SGD 算法、AdaGrad 算法、RMSProp 算法、Adam 算法等。总体而言，基于 Adam 算法优化的 GRU 网络预测精度较高。因此，选择 Adam 算法作为预测模型的优化算法。

6.3.3.3　损失函数确定

损失函数（loss 函数）可以用于评估模型预测值与真实值之间的差异程度。由于对 GRU 网络的训练即为最小化损失函数的过程，故损失函数越小，则预测准确性越高，鲁棒性也越强。目前，常用损失函数有均方误差（MSE）、均方根误差（RMSE）、平均绝对误差（MAE）、平均相对误差（MRE）、交叉熵（CE）、指数损失函数等。为综合反映预测模型的精度与稳定性，选择采用 RMSE、MAE、MRE 三项精度评定指标作为预测模型的损失函数（式（6-5）~式（6-7））。

$$\text{RMSE} = \sqrt{\frac{1}{M} \sum_{m=1}^{M} (y_m - y'_m)^2} \qquad (6\text{-}5)$$

$$\text{MAE} = \frac{1}{M} \sum_{m=1}^{M} |y_m - y'_m| \qquad (6\text{-}6)$$

$$\text{MRE} = \left(\frac{1}{M} \sum_{m=1}^{M} \left| \frac{y_m - y'_m}{y_m} \right| \right) \times 100\% \qquad (6\text{-}7)$$

式中　　y_m——真实值；

　　　　y'_m——预测值；

　　　　M——样本总数。

6.3.3.4　超参数寻优方法

根据已建立预测模型的网络结构，可明确需寻优超参数包括序列分割尺度 k、初始学习率 η、前馈神经网络层数 q 及迭代次数 Ep。根据前述模型构建流程（图 6-23），在改进粒子群算法的基础上进行超参数寻优，以获取超参数最优解。

A　粒子群算法（PSO）

粒子群算法（particle swarm optimization，PSO）是通过模拟鸟类在觅食过程中的迁徙行为，提出的仿生全局随机搜索算法。粒子群中每个粒子的位置即是所求问题的一个解，假设该解的维度为 D，则共有 U 个粒子组成的"鸟群" $u = \{Z_1, Z_2, Z_3, \cdots, Z_U\}$，第 $i(i = 1, 2, \cdots, U)$ 个粒子的空间位置为 $Z_i = \{z_{i1}, z_{i2}, z_{i3}, \cdots, z_{iD}\}$，并用 $V_i = \{v_{i1}, v_{i2}, v_{i3}, \cdots, v_{iD}\}$ 表示该粒子的速度向量。该粒子在历次迭代过程中的个体最优位置记为个体极值 $P_i = \{p_{i1}, p_{i2}, p_{i3}, \cdots, p_{iD}\}$，整个粒子群在历次迭代过程中的个体最优位置记为群体极值 $G_i = \{g_{i1}, g_{i2}, g_{i3}, \cdots, g_{iD}\}$。每次迭代过程中，粒子通过当前位置、自身速度、个体极值和群体极值的适应度更新位置。更新公式见式（6-8）和式（6-9），其位置更新过程可用向量示意图进行表示，如图 6-24 所示。

$$V_{id}^{t+1} = \omega V_{id}^t + c_1 r_1 (P_{id}^t - Z_{id}^t) + c_2 r_2 (G_{id}^t - Z_{id}^t) \tag{6-8}$$

$$Z_{id}^{t+1} = Z_{id}^t + V_{id}^{t+1} \tag{6-9}$$

式中　ω——惯性权重系数；

　　c_1，c_2——非负学习因子；

　　t_1，t_2——取值范围为 0~1 的随机数；

　　　t——当前粒子群迭代次数。

B　改进粒子群算法（IPSO）

对 PSO 算法的改进主要体现在两个方面，分别为优化惯性权重系数与优化学习因子，具体如下。

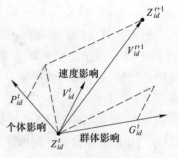

图 6-24　粒子位置更新示意图

惯性权重系数 ω 与粒子群的全局与局部搜索能力密切相关。一般情况下，ω 的值越大则粒子群的全局搜索能力越强，ω 的值越小则粒子群的局部搜索能力越强。因此，可以通过较大的 ω 增强粒子群迭代前期的全局搜索能力，并通过较小的 ω 增强粒子群迭代后期的局部搜索能力，以此提升群体迭代速度及迭代精度。鉴于此，根据式（6-10）来更新粒子群惯性权重系数：

$$\omega_t = \omega_{\min} + (\omega_{\max} - \omega_{\min}) \sin\left(\frac{\pi t}{t_{\max}}\right) \tag{6-10}$$

式中　$\omega_{\min}$，$\omega_{\max}$——分别为惯性权重变化的最小值和最大值；

　　　$t_{\max}$——设定的最大迭代次数。

学习因子 c_1、c_2 与粒子认知情况密切相关。从式（6-8）可以看出，c_1 决定粒子个体认知水平贡献率，c_2 决定粒子群体认知水平贡献率。因此，在迭代前期，粒子适应度较大，可通过较大的 c_2 来控制粒子按群体最优方向发展；迭代后期，粒子适应度逐渐降低，可通过较大的 c_1 释放粒子个体认知，直至找到最优位置。鉴于此，根据式（6-11）和式（6-12）来更新学习因子。

$$c_1 = c_{1\text{max}} - (c_{1\text{max}} - c_{1\text{min}}) \cos^2\left(\frac{\pi t}{2t_{\text{max}}}\right) \tag{6-11}$$

$$c_2 = c_{2\text{min}} + (c_{2\text{max}} - c_{2\text{min}}) \cos^2\left(\frac{\pi t}{2t_{\text{max}}}\right) \tag{6-12}$$

式中　$c_{1\text{min}}$，$c_{2\text{min}}$，$c_{1\text{max}}$，$c_{2\text{max}}$——分别表示学习因子的最小值和最大值。

通过对惯性权重系数和学习因子的调整，相较原始 PSO 算法，IPSO 算法的优势主要在于：（1）降低了算法迭代次数，通过调整不同阶段粒子群的发展方向，减少了计算时间；（2）提高了算法精度，改进后的算法可以有效避免粒子群陷入局部最优的问题，提高了原始 PSO 算法的计算精度。

C　基于 IPSO 的超参数寻优

基于上述改进得到的 IPSO 算法，对已建立的施工变形预测模型进行超参数寻优，具体步骤如下：（1）初始化 IPSO 算法相关参数，主要包括粒子群规模、迭代次数、惯性权值、位置取值空间、加速度因子等；（2）确定适应度函数；（3）根据粒子适应度函数求出自身极值，再选出自身极值中的最小值作为群体极值；（4）根据当前粒子适应度值，确定是否满足设定精度。若满足条件，则将得到的超参数最优解赋予预测模型网络；若不满足，则在更新自身极值与群体极值后，再次迭代寻优。

6.3.4　模型训练及预测

在获取预测模型最优参数的基础上，则可进一步对模型进行训练，不断更新网络内在权值与偏置项系数，以获得目标函数最优解。

模型训练过程是在前向传播后通过 loss 函数得到训练误差，当误差不满足可接受精度时，则采用 BPTT 算法反向传播误差，并通过 Adam 优化算法更新网络各层权值等参数，进而不断迭代更新使 loss 值满足可接受条件。需要注意的是，由于模型训练之前对样本数据进行了归一化处理，因此，模型运算结果还需通过反归一化处理以获得预测结果。

同时，基于"新陈代谢"理念，对深基坑施工变形采用滚动更新的预测方式，通过及时更新预测模型的训练样本，以有效规避历史信息的"变化惯性"对预测精度的影响。

需要说明的是，GRU 网络模型在训练完成后可以保存，这一优势在很大程度上降低了模型更新所消耗的时间，因此，采用滚动更新的预测方式具有良好的适用性。

6.4 变形预测案例

6.4.1 工程概况

6.4.1.1 深基坑工程概况

某大型地下交通工程（东广场）位于市高铁站东侧，长途汽车站南侧，国道从东广场西侧下穿，地铁1号线盾构区间从东广场地块中部穿过。周边用地主要为二类居住用地、行政办公用地以及商业金融用地。该工程项目主要使用功能为地下商场与车库，从南北方向对称分布于地铁盾构区间两侧，并在区间上方设置3个连接通道将两侧主体连通。工程主体基坑等级为一级，连接通道基坑等级为二级。东广场深基坑工程平面布置如图6-25所示。北区东西向175m、南北向111m，其中，顺作区东西向107m、南北向56m，剩余部分为逆作区；南区东西向176m、南北向114m，顺作区东西向115m、南北向64m，剩余为逆作区；平均开挖深度为19.3m。

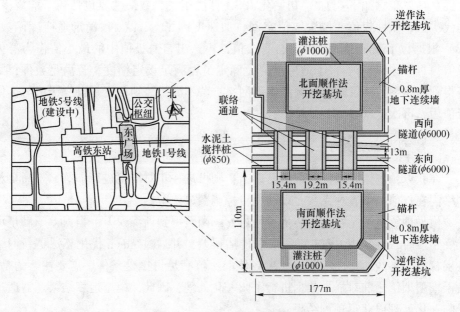

图6-25 东广场深基坑工程平面布置

6.4.1.2 既有隧道概况

既有地铁隧道埋深处于8.70~13.70m范围内，外径为6.00m，内径为5.40m，采用预制钢筋混凝土平板型管片错缝拼装（分块为1K+2B+3A），纵向设置16根连接螺栓，环向设置12根连接螺栓。预制管片厚度为0.30m，强度等级为C50，抗渗等级为P10，基本状况如图6-26所示。

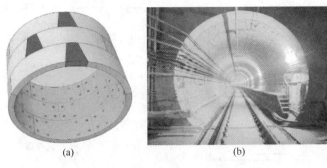

图 6-26 既有隧道结构概况

（a）管片示意图；（b）隧道实景图

6.4.1.3 位置关系说明

既有地铁隧道纵坡设计为"V"形坡，最大坡度为 22‰，最小坡度为 2‰，左右线隧道水平净距处于 7.10~9.90m 范围内。隧道外缘与单侧工程主体之间的水平净距处于 11.00~14.00m 范围内，如图 6-27 所示。

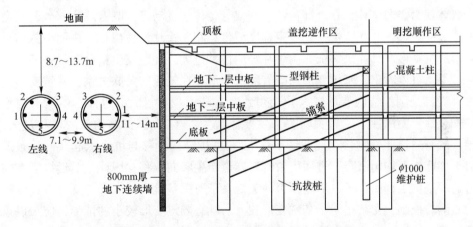

图 6-27 深基坑工程与既有隧道关系示意图

6.4.1.4 关联影响说明

根据前述概况可知，该工程项目在施工过程中，既应充分保证深基坑自身的稳定性，还应充分降低基坑开挖对既有隧道的不利影响。当顺作区开挖卸载后，坑外土体开始产生主动土压力，围护结构也开始向坑内产生位移，并随着基坑内外土体高差的增加而逐渐增大，相应的周边土体逐渐产生塑性区域并不断扩大，由此引致周边土体出现分层位移与不均匀沉降，进而带动既有隧道产生不利变形，如图 6-28 所示。

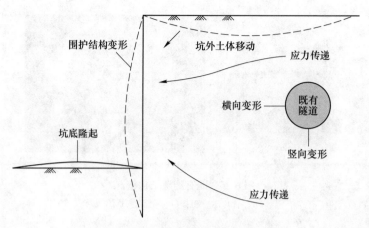

图 6-28　基坑开挖对既有隧道影响示意图

既有隧道变形主要涉及两个方面：（1）横向变形：一般体现为隧道顶部外侧受压、内侧受拉的状态，具体破坏征兆为封顶块纵缝张开、螺栓松动、标准块纵缝压损及渗水、拱底块纵缝错台或张开、道床与管片脱开等；（2）竖向变形：一般体现为竖向位移，在外部荷载改变或分层位移扰动下，既有隧道部分管片会发生竖向位移，并在变形达到一定程度后带动相邻管片发生位移，进而沿隧道纵向形成沉降槽，具体破坏征兆为管片竖向位移过大、环缝发生错台等。

综上可以看出，基坑变形与既有隧道变形存在较强的关联关系，基坑变形过大（尤其是围护结构变形过大）会引致既有隧道位移过大，进而影响既有隧道的安全性与使用性。二者关联关系主要体现为：（1）围护结构深层位移过大，导致既有隧道产生侧移和挠曲变形；（2）围护结构侧移与坑底隆起共同导致周边土体产生不均匀沉降，进而引致既有隧道产生竖向位移。因此，对近接既有隧道的深基坑工程而言，其坍塌预警的关键在于对深基坑自身变形与既有隧道变形的监测与控制，尤其是对于基坑变形较大、既有隧道变形较小的情形，应予以重视并加强监测，以防既有隧道变形出现突变的状况。

6.4.1.5　地质条件

A　工程地质条件

工程范围内根据现场勘探成果可知，55m 深度以内除了表层的部分杂填土，其余的主要是冲积和冲洪积地层，土层依次为：①杂填土、②粉土夹粉砂、③粉质黏土、④粉土夹粉质黏土、⑤粉质黏土、⑥细砂、⑦粉质黏土、⑧细砂、⑨粉质黏土、⑩细砂，土体性质见表 6-5。

B　工程水文条件

场区地下水为上层浅水和承压水。其中，孔隙潜水存在于 7.8～11.3m 以上

的 Q_{4-3}^{al}、Q_{4-2}^{l} 粉土、粉砂地层中；承压水存在于 13.9~37.0m 区间内的 Q_{4-1}^{al+pl} 粉土、粉砂、细砂、中砂地层。地下水对混凝土结构及其内部钢筋均无腐蚀性，在干湿交替环境状态下具有一定的弱腐蚀性。此外，结合相关水文资料，综合确定承压水头高度为 12.0m，相应高程为 82.50m。

表 6-5 项目土层分布

土层	岩性	类型	天然容重 /kN·m⁻³	三轴剪切			静止侧压力系数 K_0	弹性模量平均值 /MPa	基本承载力 /kPa
				标贯（击）	黏聚力 /kPa	摩擦角 /(°)			
②	粉土夹粉砂	Q_{4-3}^{al}	18.6	11.6	10.0	19.0	0.53	7.1	140
③	粉质黏土	Q_{4-2}^{l}	17.8	6.3	23.0	10.0	0.60	3.5	100
④	粉土夹粉质黏土	Q_{4-2}^{l}	19.1	11.8	14.0	18.0	0.55	7.1	150
⑤	粉质黏土	Q_{4-2}^{l}	18.8	8.9	25.0	9.0	0.60	4.6	120
⑥	细砂	Q_{4-1}^{al+pl}	—	37.7	0	27.0	0.45	22.0	260
⑦	粉质黏土	Q_{4-1}^{al}	19.7	15.0	24.0	17.0	0.45	10.5	260
⑧	细砂	Q_{4-1}^{al+pl}	—	36.5	0	27.0	—	25.0	280
⑨	粉质黏土	Q_{3}^{al}	20.2	16.2	24.0	18.0	—	11.3	280
⑩	细砂	Q_{3}^{al}	—	35.4	0	30.0	—	28.0	310

6.4.1.6 施工步序

该工程项目首先对南北两侧的主体结构对称施工，单侧主体结构采用中间顺作、四周逆作的施工方式，完工后再对盾构区间上方的连接通道进行施工。工程项目单侧主体施工分区如图 6-29 所示。

由于南北侧主体的平面布局及范围相一致，所以仅列出一侧主体的施工步序，如图 6-30 所示。此外，连接通道与既有盾构区间的位置关系如图 6-31 所示。

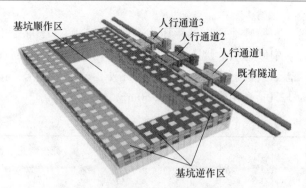

图 6-29 工程项目单侧主体施工分区

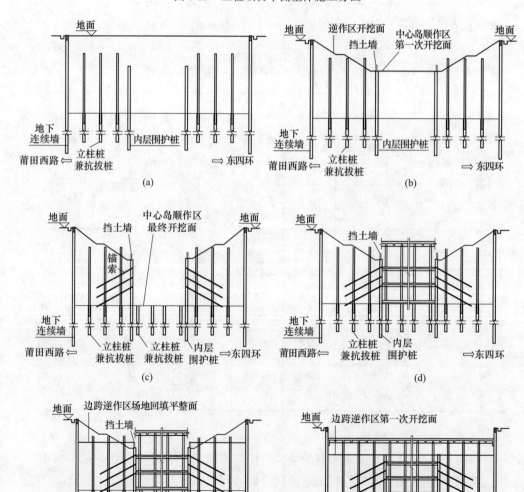

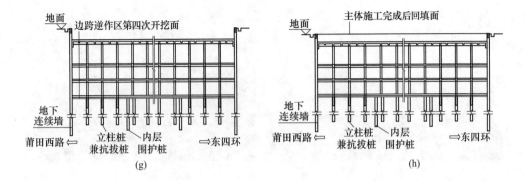

图 6-30 单侧主体结构施工步序

（a）地连墙、围护桩、逆作区立柱；（b）放坡开挖至内层围护桩顶；（c）中心顺作区开挖至基坑底部；（d）中心结构主体顺作；（e）边跨逆作区场地平整；（f）边跨逆作区施作顶板；（g）边跨逆作区主体结构依次逆作；（h）回筑预留孔，施作防水，覆土

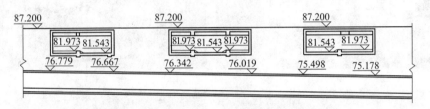

图 6-31 连接通道与既有隧道位置关系

　　该工程项目具体施工流程的关键环节主要包括：（1）既有隧道上方覆土清运；（2）暂停清运，堆载反压；（3）连接通道区域搅拌桩加固；（4）地连墙、围护桩施工；（5）隧道周边土体格栅加固；（6）隧道上方逐步取土及抗拔桩施工；（7）南北侧顺作区基坑开挖；（8）注浆试验及安全控制，如图 6-32 所示。

(a)　　　　　　　　　　　　　　(b)

图 6-32 施工流程关键环节

（a）既有隧道上方覆土清运；（b）暂停清运，堆载反压；（c）连接通道区域搅拌桩加固；
（d）地连墙、围护桩施工；（e）隧道周边土体格栅加固；（f）隧道上方逐步取土及抗拔桩施工；
（g）南北侧顺作区基坑开挖；（h）注浆试验及安全控制

6.4.2 监测设置

6.4.2.1 深基坑监测点布设

根据已建立深基坑坍塌预警指标体系，在结合安全风险预估结果的基础上，进行深基坑工程监测点布设，主要包括围护桩顶位移及深层水平位移、地下连续墙侧移、立柱竖向位移、锚索内力、地下水位、周边地表沉降等指标。其中，围护变形及地下水位的监测点平面布设如图6-33和图6-34所示。同时，对于围护结构开裂及渗漏、坑边超载、违规开挖、坑内积水、周边地表开裂等指标采用定期巡查的监测方式。

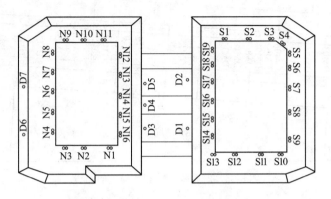

图 6-33 围护变形监测点平面布设

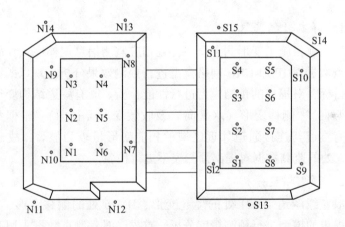

图 6-34 地下水位监测点平面布设

6.4.2.2 既有隧道监测点布设

既有隧道变形监测主要涉及竖向位移、水平位移、径向收敛、变形缝差异沉降等指标。测点设置范围为基坑邻近区域两端外扩20m范围内，以监测断面为单位，每个断面设置5个监测点。考虑到连接通道施工对既有隧道变形影响较大，故通道邻近区域断面间距为5m，其他区域断面间距为10m，共计设置有31个监测断面，如图6-35所示。此外，管片开裂、破损、错台、渗漏等不良征兆采用定期巡查的监测方式。

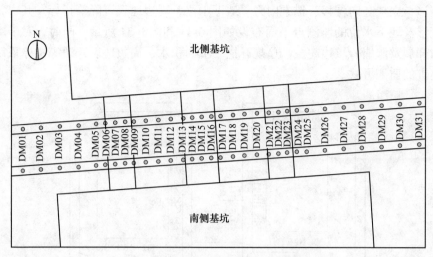

图 6-35　既有隧道监测断面平面布设

6.4.3　变形预测分析

6.4.3.1　样本数据选取

由于该工程项目施工变形测点众多，且相应监测信息规模庞大，故此选择有代表性的测点数据对 IPSO-GRU 网络模型进行预测效果分析。现以既有隧道结构变形为预测目标，对提出的预测模型进行性能检验。既有隧道结构变形主要包括隆起变形（竖向）、侧移变形（水平向）及收敛变形（径向）。根据变形实测数据可知，既有隧道与连接通道邻近区域的相应变形量较为显著，故此选取左线 DM05~DM25 处的监测数据对提出预测模型进行检验。

6.4.3.2　预测精度分析

分别选取左线隧道 DM21 处的隆起变形、DM15 处的侧移变形、DM10 处的收敛变形对提出的模型进行预测精度分析。首先，对各测点数据采用莱依达准则进行奇异值检验，经分析所有数据均处于合理范围内。由于隧道变形监测均采用自动化监测方式，故相应变形数据均符合等时间隔要求，所以不再进行等时间隔变换。

预测分析过程中，IPSO-GRU 网络模型采用 Relu 激活函数与 Adam 优化算法，并运用 K 折交叉验证法（$K=10$）通过迭代方式进行预测。在模型滚动更新预测的基础上，对各测点截取同一时期内的 16 组预测结果进行分析，如图 6-36~图 6-39 所示。

根据变形预测结果可知：（1）DM21 处隆起变形预测指标 RMSE 为 0.26mm；DM15 处侧移变形预测指标 RMSE 为 0.14mm；DM10 处收敛变形预测指标 RMSE

为 0.11mm，由此说明预测模型总体精度较好。（2）截取观测数据具有不同类型的变形特征（DM21 变形量较大、趋势稳定；DM15 变形量微小、趋势较稳定；DM10 变形量较小、波动频繁），可得出预测模型具有较好的动态适应性。（3）对于相对误差，DM21 与 DM10 处均较小，分别处于−3.1%～2.6%、−3.2%～2.1%范围内；DM15 处较大，处于−8.45%～9.93%范围内；总体而言，各测点误差波动范围较为稳定，说明模型预测稳定性较好。同时，结合数据特征可知，DM15处相对误差较大的原因在于其观测值基数非常小，但就 RMSE 值与警阈区间而言，预测精度能够良好满足实际预警需求。

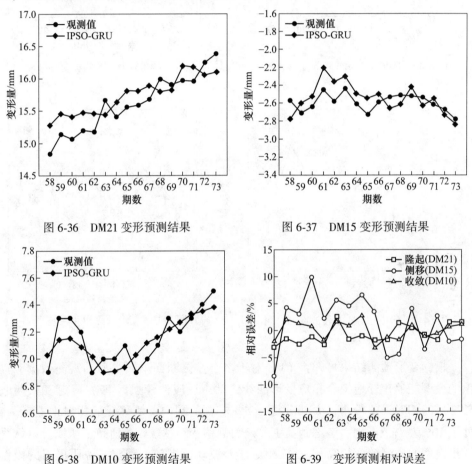

图 6-36　DM21 变形预测结果　　　　图 6-37　DM15 变形预测结果

图 6-38　DM10 变形预测结果　　　　图 6-39　变形预测相对误差

6.4.3.3　泛化能力分析

为验证提出模型的泛化能力，进一步扩大工程应用范围，以左线隧道DM05～DM25 处的监测数据为基础，对提出模型进行预测性能分析。选取同一时刻左线隧道的变形观测曲线及预测曲线进行对比分析，以明确提出模型的综合预测性能，如图 6-40～图 6-43 所示。

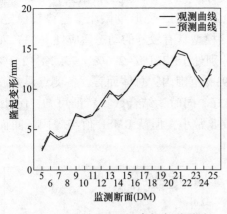

图 6-40 DM05～DM25 隆起变形预测

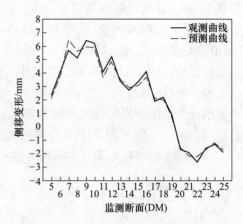

图 6-41 DM05～DM25 侧移变形预测

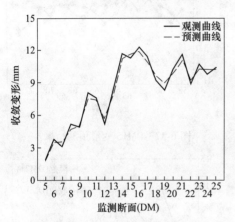

图 6-42 DM05～DM25 收敛变形预测

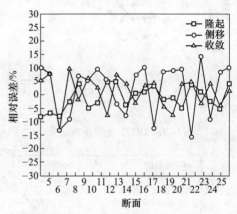

图 6-43 变形预测相对误差

　　根据变形预测结果可知：（1）对于多个监测断面不同类型的观测数据，提出的模型能够较好地拟合相应变形曲线，动态适应性较强。（2）隆起变形与收敛变形的相对误差较小，大部分处于 5% 左右范围内；侧移变形相对误差较大，处于 10% 左右范围内，考虑到其主要是因侧移变形基数较小所致，所以可以认为提出模型的预测精度较高。（3）相对误差波动范围较为稳定，说明提出的模型预测稳定性较强。综上可明确，提出模型具有较好的泛化能力，工程适用性较强。

6.4.3.4 长时预测分析

　　由于深基坑坍塌警情的隐蔽性、复杂性及突变性，这使得仅实现施工变形的短时预测并不能满足警情诊断对态势判别的实际需求，因此，有必要进一步对提

出模型进行长时预测性能检验。根据变形观测数据可知，既有隧道收敛变形的波动性相较隆起变形与侧移变形更加显著，故此在收敛变形观测数据中，选择左线隧道 DM15 处的观测数据（变形量较大、波动频繁）用于长时预测分析。分析步骤具体为：（1）在模型训练的基础上，直接对后续 7 期变形进行预测；（2）利用后续 7 期观测数据对模型训练更新，然后直接对后续第 8~14 期变形进行预测；（3）循环采用前述预测过程，共计进行 10 组长时预测检验。经模型运算得到相应预测结果，为直观反映变形预测的误差范围，采用相对误差的绝对值|RE|进行表示，如图 6-44、图 6-45 所示。

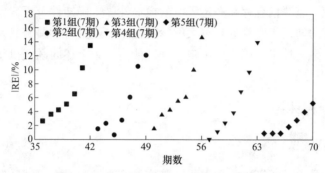

图 6-44　长时预测误差范围（1~5 组）

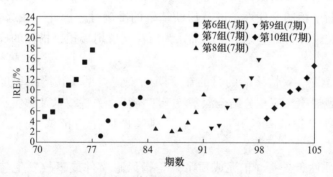

图 6-45　长时预测误差范围（6~10 组）

根据各组预测结果可知，长时预测前 5 期的相对误差多处于 10% 范围内（占比为 92%），相应预测精度较高；第 6~7 期的相对误差多处于 10%~20% 范围内（占比为 75%），预测精度较低，其中第 6 组（7 期）的相对误差值高达 17.81%，因此，认为对后续 5 期范围内的长时预测较为可靠，超出 5 期后的长时预测则可靠性较低。对此，结合深基坑工程实际，可明确对后续 5 期范围内的有效预测，能够较好满足警情诊断的实际需求。

综上所述，可明确深基坑施工变形预测模型具有较好的预测精度、泛化能力及长时预测性能，动态适应性与工程适用性较强，由此验证了模型的可靠性。

7　深基坑坍塌警情融合诊断

就深基坑坍塌警情诊断而言，其本质是通过对海量监测信息的有效融合，得出能综合反映警情态势的诊断结果。然而，由于坍塌警情的复杂性、隐蔽性及突变性，使得相关监测信息存在一定程度的模糊性、未确知性及不确定性，若不能予以科学有效的处理，则易导致过大的诊断偏差以及虚警、漏警频发的问题。对此，多源信息融合技术，因其不确定性推理能力，为上述问题提供了合理适用的解决途径。

7.1　预警指标体系

7.1.1　指标确立原则

预警指标是警情诊断的重要前提，其应能客观反映潜在警情随时间变化的特征与程度。科学有效的预警指标与有机完整的指标体系，直接关系到信息采集的可行性、诊断过程的合理性，以及诊断结果的准确性。因此，在综合致灾机理、预警需求及文献分析的基础上，本书认为对深基坑坍塌预警指标的确立应遵循如下原则：

（1）科学性。警情诊断的目的在于明确警情类型及其严重程度，诊断过程必须遵循客观规律，应充分结合深基坑施工特征、关键技术及致灾机理，以保证警情诊断各项工作的有效开展。因此，科学性应作为预警指标确立的根本性原则。

（2）先兆性。先兆（前兆或预兆）是指风险事件或事故发生前显现出来的迹象或征兆，主要体现为预先性与灵敏性。其中，预先性要求在风险发生前应能提供合理的诊控时间；灵敏性要求在风险发生前该项指标相较其他指标动态特征更加突显。指标先兆性越高，则愈能准确高效地进行警情诊断；反之，则易增加监测工作量，并严重影响警情诊断效果。

（3）观测性。观测性是指预警指标信息能够被获取并度量，是警情诊断得以开展的基础性前提。该原则一方面要求指标信息可通过观察、量测、检测等手段获取；另一方面要求可通过设定尺度标准对指标状态予以衡量。

（4）系统性。深基坑工程可视为一个庞大且复杂的系统，其风险特征与致灾机理均呈现出较强的系统性。因此，预警指标体系的建立应遵循系统性原则，指标之间既相对独立又相互关联，从而能全面、清晰、准确地反映坍塌警情的实际状况。

（5）导向性。由2.2.1节致灾机理分析可知，深基坑坍塌破坏形式复杂多样，因此，对不同类型的安全风险应建立导向性较强的预警指标体系，从而有针对性地进行警情识别与综合诊断。换言之，预警指标体系应具有较高的针对性与辨识度，从而能明确反映某一类安全风险的发生倾向。

（6）适用性。预警指标的适用性主要体现为数量合理性与观测便捷性。冗余指标越多，则信息采集工作量越大，警情诊断也越复杂，且易导致诊断结果偏差较大。指标观测的便捷性是指信息采集要有可操作性，以保证信息采集成本及效率处于合理范围。

7.1.2　警情因素与特征

由警兆定义（第3.2节）可知，警兆是与警情紧密关联且能够被量测的异常变化迹象。对此，本书认为可从两方面进行理解：一方面从事故致因角度，安全风险因素与警情之间具有客观的因果关系，因此，能够被观测的安全风险因素均可作为警兆；另一方面从警情特征角度，各类型风险在发展过程中会呈现出不同的外显特征，因此，与警情发展动态关联且能够被观测的征兆可作为警兆。即能够被察觉、量测的风险因素与警情特征均应作为警兆。

基于上述理念，经文献分析对深基坑坍塌安全风险因素与警情特征进行汇总，结果见表7-1。

表7-1　深基坑坍塌安全风险因素与警情特征

风险类型	警　兆	
	因　　素	特　　征
围护强度破坏	①围护结构强度不足；②坑边超载；③支撑不及时或超挖	围护结构：深层水平位移、开裂
支撑强度破坏	①支撑结构强度不足；②支撑间距过大；③坑边超载；④支撑不及时或超挖	支撑结构：内力增大、变形损坏
支护整体滑移	①土体稳定性差；②支护设计不合理；③围护嵌固深度不足	①围护结构：顶部水平位移、竖向位移、深层水平位移；②周边地表：竖向位移、开裂沉陷；③开挖面：坑底隆起
支护内倾失稳	①支撑强度不足；②支撑连接不牢固；③坑边超载；④外部扰动	①围护结构：顶部水平位移；②支撑结构：内力增大、变形损坏；③周边地表：竖向位移、开裂沉陷；④开挖面：坑底隆起

续表 7-1

风险类型	警兆	
	因素	特征
围护踢脚破坏	①围护嵌固深度不足；②基坑底部土质较差	①围护结构：深层水平位移；②开挖面：踢脚处隆起
围护结构渗漏	①围护结构质量缺陷；②围护结构开裂；③降排水不力或失效	①围护结构：轻微渗漏；②周边地表：竖向位移、开裂沉陷
坑底隆起	土体稳定性差（尤其是软土地区）	①开挖面：坑底隆起；②围护结构：深层水平位移；③周边地表：竖向位移
坑底管涌	①止水帷幕深度不足；②降排水不力或失效；③坑底土层抗渗性差	①开挖面：水流渗出；②围护结构：深层水平位移；③周边地表：竖向位移
承压水突涌	①基底下方有承压水层；②隔水层厚度不足；③止水帷幕深度不足；④降排水（减压）不力或失效	开挖面：坑底隆起、涌水涌砂
既有建筑破坏	①围护结构变形过大；②土体不均匀沉降；③地表开裂沉陷	既有建筑：不均匀沉降、开裂、倾斜
既有隧道破坏		既有隧道：隆沉、收敛、开裂渗漏
既有管线破坏		既有管线：变形、开裂、泄漏

7.1.3 指标体系建立

在汇总风险因素及警情特征的基础上，依据指标确立原则（7.1.1 节），通过现行标准、文献分析与专家访谈，对各类安全风险预警指标进行提炼，由此形成深基坑坍塌预警指标体系，结果见表 7-2~表 7-4。

表 7-2 强度破坏风险预警指标体系

风险类型	预警指标	警兆类型	指标性质	采集方式
围护强度破坏 (R_1)	围护结构质量 (R_{1-1})	不良特征	综合	检测
	围护结构深层水平位移 (R_{1-2})	累计超限 速率超限	定量	监测
	围护结构开裂 (R_{1-3})	不良特征	定性	巡查
	支撑不及时或超挖 (R_{1-4})	违规施工	定性	巡查
	坑边超载 (R_{1-5})	违规施工	定性	巡查

风险类型	预警指标	警兆类型	指标性质	采集方式
支撑强度破坏 (R_2)	支撑结构质量（$R_{2\text{-}1}$）	不良特征	综合	检测
	支撑轴力（$R_{2\text{-}2}$）	受力超限	定量	监测
	支撑立柱竖向位移（$R_{2\text{-}3}$）	累计超限 速率超限	定量	监测
	支撑变形破损（$R_{2\text{-}4}$）	不良特征	定性	巡查
	支撑不及时或超挖（$R_{2\text{-}5}$）	违规施工	定性	巡查
	坑边超载（$R_{2\text{-}6}$）	违规施工	定性	巡查

表 7-3 稳定性破坏风险预警指标体系

风险类型	预警指标	征兆类型	指标性质	采集方式
支护整体滑移 (R_3)	区域土体稳定性（$R_{3\text{-}1}$）	不良特征	综合	勘察
	支护结构质量（$R_{3\text{-}2}$）	不良特征	综合	检测
	围护嵌固深度不足（$R_{3\text{-}3}$）	不良特征	定性	检测
	围护结构顶部水平位移（$R_{3\text{-}4}$）	累计超限 速率超限	定量	监测
	围护结构顶部竖向位移（$R_{3\text{-}5}$）	累计超限 速率超限	定量	监测
	围护结构深层水平位移（$R_{3\text{-}6}$）	累计超限 速率超限	定量	监测
	支撑立柱竖向位移（$R_{3\text{-}7}$）	累计超限 速率超限	定量	监测
	周边地表竖向位移（$R_{3\text{-}8}$）	累计超限 速率超限	定量	监测
	周边地表开裂（$R_{3\text{-}9}$）	不良特征	定量	检测
	坑底隆起（$R_{3\text{-}10}$）	累计超限 速率超限	定量	监测
支护内倾失稳 (R_4)	支撑结构质量（$R_{4\text{-}1}$）	不良特征	综合	检测
	支撑变形破损（$R_{4\text{-}2}$）	不良特征	定性	巡查
	坑边超载（$R_{4\text{-}3}$）	违规施工	定性	巡查
	外部扰动（$R_{4\text{-}4}$）	违规施工	定性	巡查

风险类型	预警指标	征兆类型	指标性质	采集方式
支护内倾失稳 （R_4）	围护结构顶部水平位移（R_{4-5}）	累计超限 速率超限	定量	监测
	支撑立柱竖向位移（R_{4-6}）	累计超限 速率超限	定量	监测
	周边地表竖向位移（R_{4-7}）	累计超限 速率超限	定量	监测
	周边地表开裂（R_{4-8}）	不良特征	定量	检测
	坑底隆起（R_{4-9}）	累计超限 速率超限	定量	监测
围护踢脚破坏 （R_5）	围护嵌固深度不足（R_{5-1}）	违规施工	定性	检测
	开挖面土质条件（R_{5-2}）	不良特征	定性	勘察
	围护结构深层水平位移（R_{5-3}）	累计超限 速率超限	定量	监测
	坑底隆起（R_{5-4}）	累计超限 速率超限	定量	监测
	坑内积水（R_{5-5}）	不良特征	定性	巡查
围护结构渗漏 （R_6）	围护结构质量（R_{6-1}）	不良特征	综合	检测
	围护结构开裂（R_{6-2}）	不良特征	定性	巡查
	地下水位变化（R_{6-3}）	累计超限 速率超限	定量	监测
	围护结构渗水（R_{6-4}）	不良特征	综合	巡查
	周边地表竖向位移（R_{6-5}）	累计超限 速率超限	定量	监测
	周边地表开裂（R_{6-6}）	不良特征	定量	检测
坑底隆起 （R_7）	区域土体稳定性（R_{7-1}）	不良特征	综合	勘察
	坑底隆起（R_{7-2}）	累计超限 速率超限	定量	监测
	围护结构深层水平位移（R_{7-3}）	累计超限 速率超限	定量	监测
	支撑立柱竖向位移（R_{7-4}）	累计超限 速率超限	定量	监测

风险类型	预警指标	征兆类型	指标性质	采集方式
坑底隆起 (R_7)	周边地表竖向位移 (R_{7-5})	累计超限 速率超限	定量	监测
坑底管涌 (R_8)	止水帷幕深度不足 (R_{8-1})	违规施工	定性	检测
	地下水位变化 (R_{8-2})	累计超限 速率超限	定量	监测
	开挖面土质条件 (R_{8-3})	不良特征	定性	勘察
	开挖面渗水 (R_{8-4})	不良特征	定性	勘察
	围护结构深层水平位移 (R_{8-5})	累计超限 速率超限	定量	监测
	周边地表竖向位移 (R_{8-6})	累计超限 速率超限	定量	监测
承压水突涌 (R_9)	隔水层抗突涌稳定性 (R_{9-1})	违规施工	综合	监测
	止水帷幕深度不足 (R_{9-2})	违规施工	定性	检测
	地下水位变化 (R_{9-3})	累计超限 速率超限	定量	监测
	支撑立柱竖向位移 (R_{9-4})	累计超限 速率超限	定量	监测
	坑底隆起 (R_{9-5})	累计超限 速率超限	定量	监测
	坑底涌水涌砂 (R_{9-6})	不良特征	定性	巡查

表7-4 刚度破坏风险预警指标体系

风险类型	预警指标	征兆类型	指标性质	采集方式
既有建筑破坏 (R_{10})	建筑沉降 (R_{10-1})	累计超限 速率超限	定量	监测
	建筑倾斜 (R_{10-2})	累计超限 速率超限	定量	监测
	建筑开裂 (R_{10-3})	不良特征	定量	检测
既有隧道破坏 (R_{11})	隧道竖向位移 (R_{11-1})	累计超限 速率超限	定量	监测
	隧道水平位移 (R_{11-2})	累计超限 速率超限	定量	监测

风险类型	预警指标	征兆类型	指标性质	采集方式
既有隧道破坏 （R_{11}）	隧道径向收敛（$R_{11\text{-}3}$）	累计超限 速率超限	定量	监测
	变形缝差异沉降（$R_{11\text{-}4}$）	累计超限	定量	监测
	隧道衬砌病害（$R_{11\text{-}5}$）	不良特征	定性	巡查
既有管线破坏 （R_{12}）	管线位移（$R_{12\text{-}1}$）	累计超限 速率超限	定量	监测
	管线开裂及泄漏（$R_{12\text{-}2}$）	不良特征	定性	巡查

　　为便于对指标信息系统有序地采集，根据已确立预警指标确定了相应的警兆类型、指标性质与信息采集方式。其中，警兆类型可划分 5 类，具体为"累计超限、速率超限、受力超限、违规作业、不良特征"；指标性质可划分 3 类，具体为"定性、定量、综合"；信息采集方式可划分 4 类，具体为"勘察、监测、检测、巡查"。

　　已建立预警指标体系中，定量指标直观明确且易于量测，而定性指标与综合性指标模糊性较强，为保证对指标含义理解的一致性，现对定性类指标内涵说明如下：

　　围护结构质量（$R_{1\text{-}1}$）、支撑结构质量（$R_{2\text{-}1}$）、支护结构质量（$R_{3\text{-}2}$）：该指标用以反映支护结构先天性功能缺陷对深基坑稳定性的影响程度，主要体现为支护结构强度、尺寸、节点、接缝、止水等方面的设计缺陷或施工缺陷。

　　围护结构开裂（$R_{1\text{-}3}$、$R_{6\text{-}2}$）：该指标用以反映围护结构因受力过大、不平衡或其他不利影响而产生开裂的严重程度。

　　围护嵌固深度不足（$R_{3\text{-}3}$、$R_{5\text{-}1}$）：该指标用以反映围护结构嵌固深度未达到现行标准设计要求的危险性程度。

　　止水帷幕深度不足（$R_{8\text{-}1}$、$R_{9\text{-}2}$）：该指标用以反映止水帷幕设置深度未达到现行标准设计要求的危险性程度。

　　围护结构渗水（$R_{6\text{-}4}$）：该指标用以反映围护结构发生渗漏的严重程度，具体体现在渗漏部位、类型及渗水量等方面。渗漏类型主要包括点渗、缝渗及局部渗漏等。

　　支撑不及时或超挖（$R_{1\text{-}4}$、$R_{2\text{-}5}$、$R_{4\text{-}2}$）：该指标用以反映深基坑开挖过程中支护架设行为不符合现行标准规定的危险性程度。

　　开挖面土质条件（$R_{5\text{-}2}$、$R_{8\text{-}3}$）：该指标用以反映开挖面土质条件对深基坑稳定性潜在不利影响的程度。

　　坑内积水（$R_{5\text{-}5}$）：该指标用以反映因排水失效、不及时或暴雨天气等导致坑内积水，可能对深基坑稳定性产生不利影响的程度。

开挖面渗水（R_{8-4}）：该指标用以反映深基坑开挖面出现异常渗水的严重程度，具体体现在渗水部位、面积及渗水量等方面。

隔水层抗突涌稳定性（R_{9-1}）：该指标用以反映在有承压水条件下，深基坑底部隔水层未能达到抗渗流、抗突涌实际需求的危险性程度，具体体现在隔水层厚度、水头高度及土体浮重度等方面。

坑底涌水涌砂（R_{9-6}）：该指标用以反映深基坑开挖面出现涌水涌砂的严重程度，具体体现在涌水部位、水压、涌水量及流砂量等方面。

坑边超载（R_{1-5}、R_{4-3}）：该指标用以反映坑边堆放设备、材料或动荷载超出设计要求的危险性程度。

外部扰动（R_{4-4}）：该指标用以反映深基坑开挖过程中外部扰动因素对支护体系稳定性产生的不利影响程度。

支撑变形破损（R_{2-4}、R_{2-6}）：该指标用以反映支撑因受力过大、不平衡或其他不利影响而发生破损的严重程度，具体体现在构件开裂、挠曲或节点滑移、松动等方面。

区域土体稳定性（R_{3-1}、R_{7-1}）：该指标用以反映深基坑施工区域土体总体的稳定性状况，具体体现在土体强度、变形及不利扰动等方面。

隧道衬砌病害（R_{11-4}）：该指标用以反映既有隧道衬砌开裂、破损、错台、渗漏及道床脱空的严重程度，具体体现在强度损害、结构侵蚀及等方面。

管线开裂及泄漏（R_{12-2}）：该指标用以反映既有管线开裂或泄漏对周边区域环境可能产生的不利影响，尤其是对土体稳定性的不利影响。

需要说明的是，除上述常用预警指标外，深基坑工程还涉及围护结构内力、侧向土压力、孔隙水压力、土体分层竖向位移、立柱内力等相关指标，此类指标多具有表征性不突出且监测成本较高的特点。考虑到不同深基坑工程之间差异性很大，故未将此类指标统一列入指标体系，在具体操作过程中可根据深基坑工程实际进行选择性增补。

7.1.4 指标体系检验

在初步建立深基坑坍塌预警指标体系的基础上，还需进一步对指标体系的合理性进行检验，以保证警情诊断的针对性与准确性。合理性验证工作主要包括对指标重要性与风险导向性的检验。

7.1.4.1 重要性检验

指标重要性用以反映预警指标相对于诊断目标的重要程度，是对指标必要性与有效性的合理验证。对此，采用专家调查法进行指标重要性检验，对各指标重要性采用李克特五级评语，具体为：不重要——赋值1分，不太重要——赋值2

分，一般重要——赋值3分，比较重要——赋值4分，非常重要——赋值5分。为避免理解有误或产生歧义，对初始问卷进行预调研测试，在问题反馈与修改完善的基础上，制定正式调查问卷。

本次调研共发放并回收有效问卷156份，信息来源构成如图7-1所示。受访专家根据问卷提示信息，对各指标重要性做出判断。每个指标对应的一组数据用 x_{ij} 表示，其中 $i=1,2,3,\cdots,m$（m 表示指标数量），$j=1,2,3,\cdots,n$（n 表示专家数量）。由于问卷来源客观程度基本一致，所以对每个指标对应的数据做均权处理。

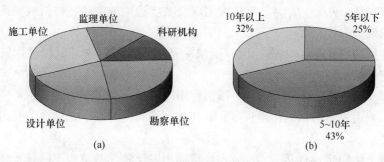

图 7-1　问卷信息来源构成

（a）调研专家单位分布；（b）调研专家工作年限分布

进一步对各指标重要性指数 ID_i 进行计算（式（7-1））。对于 ID_i 相对较小的要素（$\mathrm{ID}_i<80$），说明调研专家一致认为该指标相对次要，不应将其纳入预警指标体系。

$$\mathrm{ID}_i = 100 \times \frac{N_{i1}\times1 + N_{i2}\times2 + N_{i3}\times3 + N_{i4}\times4 + N_{i5}\times5}{5N} \tag{7-1}$$

式中　$N_{i1} \sim N_{i5}$——分别表示问卷对第 i 个指标赋值为1，2，3，4，5时相应的反馈专家数；

　　　　N——问卷总数。

同时，为避免因专家分歧导致指标误删，还需对同一指标评分结果的离散程度进行分析。采用变异系数 δ_i 反映评分数据的离散程度（式(7-2)）。δ_i 值较大，表明专家对该指标的意见分歧较大，此时应通过专家反馈与征询消除理解差异；δ_i 值较小，表明专家对该指标的影响度评价具有较好的一致性，评价结果属于可接受范围。对于变异系数判定标准，借鉴常用统计指标取值，将 $\delta_i<0.2$ 作为可接受范围。

$$\delta_i = \frac{\sigma_i}{\mu_i} \tag{7-2}$$

$$\mu_i = \frac{1}{n}\sum_{j=1}^{n} x_{ij} \tag{7-3}$$

$$\sigma_i = \sqrt{\frac{1}{n-1}\sum_{j=1}^{n}(x_{ij}-\mu_i)^2} \tag{7-4}$$

对获取调研数据通过计算分析，最终得到各预警指标的重要性分析结果，如图 7-2~图 7-11 所示。

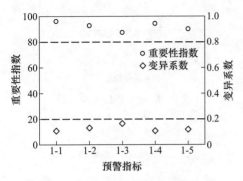

图 7-2　R_1 预警指标重要性检验

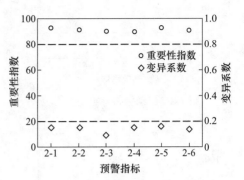

图 7-3　R_2 预警指标重要性检验

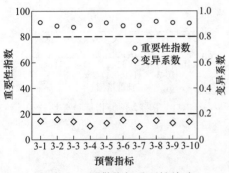

图 7-4　R_3 预警指标重要性检验

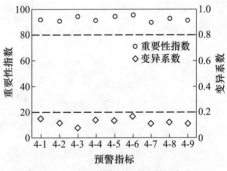

图 7-5　R_4 预警指标重要性检验

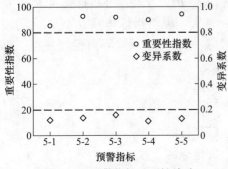

图 7-6　R_5 预警指标重要性检验

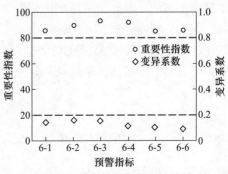

图 7-7　R_6 预警指标重要性检验

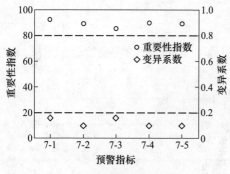

图 7-8 R_7 预警指标重要性检验

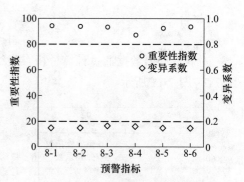

图 7-9 R_8 预警指标重要性检验

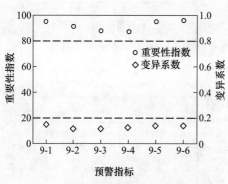

图 7-10 R_9 预警指标重要性检验

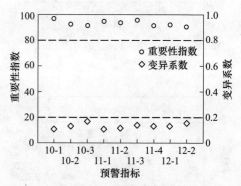

图 7-11 $R_{10\sim12}$ 预警指标重要性检验

7.1.4.2 导向性检验

风险导向性用以反映预警指标体系（指标组合方式）对目标风险的针对性与代表性，要求不同安全风险的指标体系应具有较高的辨识度，以保证警情诊断方向的正确性。对此，采用结构相似度 $\mathrm{ssim}(R_i, R_j)$ 反映预警指标体系 R_i 与 R_j 之间的相似程度（式(7-5)）。$\mathrm{sim}(R_i, R_j)$ 越大，说明指标体系 R_i 与 R_j 之间相似性越高，则易导致警情甄别的模糊性与复杂性，相应风险导向性则越差；反之，则说明预警指标体系的风险导向性越强。

$$\mathrm{ssim}(R_i, R_j) = \frac{I_{R_i \cap R_j}}{I_{R_i \cup R_j}} \tag{7-5}$$

式中 $I_{R_i \cap R_j}$——指标体系 R_i 与 R_j 交集中预警指标的个数；

$I_{R_i \cup R_j}$——指标体系 R_i 与 R_j 并集中预警指标的个数。

通过式（7-5），分别计算各类型安全风险预警指标体系之间的结构相似度，结果如图 7-12 所示。由此可知，指标体系结构相似度最小值为 0.0714，最大值为0.5000，均处于可接受范围内，这说明各指标体系有较好的风险导向性，能够良好满足深基坑坍塌警情的诊断需求。

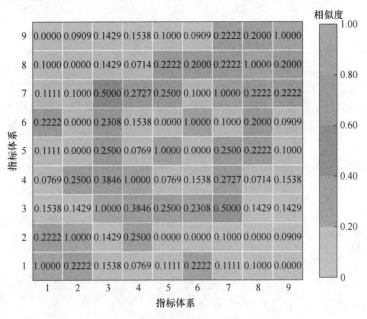

图 7-12 各类安全风险预警指标体系结构相似度

通过上述合理性验证，可以看出已建立的各安全风险的预警指标体系均符合指标重要性与风险导向性检验标准，因而能良好反映深基坑坍塌警情的风险类型与综合状况，对警情诊断工作具备良好的科学适用性。

7.2 分级警阈区间

7.2.1 警情等级划分

警情等级划分应遵循客观性、实用性、奇数性等原则，并在此基础上确定警级个数与颜色标识。首先，对安全风险较高行业警级划分方式进行梳理，如表 7-5 所示；然后，在综合考虑公众认知、工程实际及色谱排序的基础上，选择将深基坑坍塌警情等级划分为 3 级，即"轻警、中警、重警"，分别用"黄色、橙色、红色"表示。同时，增设绿色表示无警状态。

表 7-5 各行业领域警级划分方式

行业	无警状态	警情等级				
		一级	二级	三级	四级	五级
交通	绿	黄	红	—	—	—

行业	无警状态	警情等级				
		一级	二级	三级	四级	五级
气象	—	蓝	黄	橙	红	—
地震	—	绿	黄	红	紫	—
消防	—	绿	蓝	黄	橙	红

在警级划分的基础上，结合现行标准与工程实际，确定出各警级相应的接受准则与应对策略，如表 7-6 所示。

表 7-6 深基坑坍塌警情等级划分及接受准则

预警等级	标识	接受准则	应 对 策 略
无警（A 级）	绿色	维持现状	保持或提升施工安全管理水平
轻警（B 级）	黄色	持续关注	若能明确警情原因，应采取相应控制措施；若尚无法明确警情原因，则应予以重视并加强监测巡查力度
中警（C 级）	橙色	防范控制	结合警情实际适当减缓或停止施工，对警情原因进行综合分析，并采取相应矫正控制措施
重警（D 级）	红色	警戒严控	立即停止施工，启动联防联控机制，并在警情可控性论证的基础上，采取警情控制措施或应急管理措施

7.2.2 定量指标警阈确定

对于定量指标阈值及预警区间的确定，应首先确定出重警阈值（警戒值）与轻警阈值，然后在此基础上根据警情等级确定出相应的阈值及预警区间。

重警阈值需结合现行标准、基坑等级、勘察结果、工程经验等综合确定，其常用取值来源主要包括：（1）相关规定值，现行国家或地方标准中设定的报警值；（2）经验类比值，同类型深基坑工程施工经验具有重要的参考价值，可借鉴类似工程的经验值作为警戒值；（3）设计预估值，深基坑工程设计时已对结构内力、变形等参数做出详细计算，因此，可将设计预估值作为警戒值设定的参考依据。但由于地质条件与工程实际的复杂性，部分设计预估值偏差较大，所以需根据实际反馈予以适当调整。

轻警阈值一般取重警阈值一定的百分比值，该百分比设定可依据现行标准与工程实际综合确定。需要强调的是，轻警阈值设定过高，则可能出现漏警，导致未能对现有危险发出预报；轻警阈值过低，则易频发虚警，进而影响施工秩序与工程进度。通过现行标准梳理与工程实际调研，目前广泛采用的百分比为 70%。

在确定轻、重警阈值的基础上，可进一步进行预警区间划分。经梳理总结，现有划分方法主要包括等比例均分法、指数函数法、海因里希法则划分法。其中，等比例均分法受到普遍认可与广泛采用，此种方式简明便捷、易于理解，具有较强的实用性；指数函数法是基于风险管理的保守视角，在等比例均分的基础上通过指数函数对划分点予以修正，但此种方式修正幅度较小，故未能体现出明显优势；海因里希原则划分法是依据海因里希事故划分原则，将重警、中警、轻警的区间比例分别设定为 1/333、29/333、270/333，需要指出的是，此种方式事理逻辑性不足且实用性较差，过于窄小的重警、中警区间不足以为警情提供合理的诊控时间。因此，经综合考虑本书选择等比例均分法作为预警区间的划分方法，由此确定各警级相应的预警区间，见表 7-7。

表 7-7 警级预警区间划分标准

警级	无警	轻警	中警	重警
区间	$[0, 70\%)$ V_D	$[70\%, 85\%)$ V_D	$[85\%, 100\%)$ V_D	$\geq 100\% V_D$

注：V_D 为重警阈值。

在明确预警区间划分标准的基础上，可进一步确定各定量指标的区间阈值。由于深基坑工程之间差异性较大，所以目前尚无法确立完全统一的阈值体系。在现行标准中，《建筑基坑工程监测技术规范》（GB 50497—2019）给出的报警值，是在大量工程调研以及征询全国百余名专家意见的基础上提出的，总体具有较好的适用性。因此，本书以此标准为基础，确定出各定量指标的警戒值与区间阈值，结果见表 7-8。需要说明的是，对于具体的深基坑工程而言，还需根据工程实际，结合经验类比值与设计预估值做出合理调整。

表 7-8 定量指标预警区间划分

监测对象	定量指标		无警	轻警	中警	重警
围护结构（以灌注桩、地下连续墙为例）	顶部水平位移	累计值 /mm	$[0, 21)$	$[21, 25.50)$	$[25.50, 30)$	≥ 30
		速率 /mm·d^{-1}	$[0, 2.10)$	$[2.10, 2.55)$	$[2.55, 3)$	≥ 3
	顶部竖向位移	累计值 /mm	$[0, 14)$	$[14, 17)$	$[17, 20)$	≥ 20
		速率 /mm·d^{-1}	$[0, 2.10)$	$[2.10, 2.55)$	$[2.55, 3)$	≥ 3
	深层水平位移	累计值 /mm	$[0, 35)$	$[35, 42.50)$	$[42.50, 50)$	≥ 50
		速率 /mm·d^{-1}	$[0, 2.10)$	$[2.10, 2.55)$	$[2.55, 3)$	≥ 3

续表 7-8

监测对象	定量指标		无警	轻警	中警	重警
支撑结构	立柱竖向位移	累计值/mm	[0, 24.50)	[24.50, 29.75)	[29.75, 35)	≥35
		速率/mm · d^{-1}	[0, 2.10)	[2.10, 2.55)	[2.55, 3)	≥3
	支撑内力		[0, 49) %*f*	[49,59.50) %*f*	[59.50,70) %*f*	≥70%*f*
开挖施工	地下水位变化	累计值/mm	[0, 700)	[700, 850)	[850, 1000)	≥1000
		速率/mm · d^{-1}	[0, 350)	[350, 425)	[425, 500)	≥500
	坑底隆起	累计值/mm	[0, 24.50)	[24.50, 29.75)	[29.75, 35)	≥35
		速率/mm · d^{-1}	[0, 2.10)	[2.10, 2.55)	[2.55, 3)	≥3
周边地表	竖向位移	累计值/mm	[0, 24.50)	[24.50, 29.75)	[29.75, 35)	≥35
		速率/mm · d^{-1}	[0, 2.10)	[2.10, 2.55)	[2.55, 3)	≥3
	地表开裂/mm		[0, 10.50)	[10.50, 12.75)	[12.75, 15)	≥15
既有建筑	建筑沉降	累计值/mm	[0, 42)	[42, 51)	[51, 60)	≥60
		速率/mm · d^{-1}	[0, 2.10)	[2.10, 2.55)	[2.55, 3)	≥3
	建筑倾斜	累计值/mm	[0, 1.4) ‰*H*	[1.4, 1.7) ‰*H*	[1.7, 2) ‰*H*	≥2‰*H*
		速率/mm · d^{-1}	[0, 0.07) ‰*H*	[0.07, 0.08) ‰*H*	[0.08, 0.1) ‰*H*	≥0.1 ‰*H*
	建筑开裂/mm		[0, 0.35)	[0.35, 0.425)	[0.425, 0.5)	≥0.5

监测对象	定量指标		无警	轻警	中警	重警
既有隧道	隧道竖向位移	累计值 /mm	[0, 10)	[10, 15)	[15, 20)	≥20
		速率 /mm·d⁻¹	[0, 1.4)	[1.4, 1.7)	[1.7, 2)	≥2
	隧道水平位移	累计值 /mm	[0, 10)	[10, 15)	[15, 20)	≥20
		速率 /mm·d⁻¹	[0, 1.4)	[1.4, 1.7)	[1.7, 2)	≥2
	隧道径向收敛	累计值 /mm	[0, 10)	[10, 15)	[15, 20)	≥20
		速率 /mm·d⁻¹	[0, 2.1)	[2.1, 2.55)	[2.55, 3)	≥3
	变形缝差异沉降	累计值 /mm	[0, 0.028) %L	[0.028, 0.034) %L	[0.034, 0.04) %L	≥0.04 %L
既有管线	管线位移（柔性管）	累计值 /mm	[0, 28)	[28, 34)	[34, 40)	≥40
		速率 /mm·d⁻¹	[0, 3.50)	[3.50, 4.25)	[4.25, 5)	≥5

注：f 为构件承载能力设计值；H 为建筑承重结构高度；L 为两测点间距。

7.2.3 定性指标警阈确定

结合定性指标说明、警级划分与工程实际，进一步确定出不同警级下各定性指标相应的状态描述，以利于指标信息采集的规范性，结果见表7-9。

表7-9 定性指标预警分级描述

指标	无警	轻警	中警	重警
支护结构质量	与设计要求完全相符	与设计要求存在较小偏差	与设计要求存在较大偏差	与设计要求严重不符
围护结构开裂	无开裂	轻微开裂	裂缝明显或持续发展	裂缝较大且集中，显著影响结构安全性能
围护、止水帷幕嵌固深度不足	与设计要求完全相符	与设计要求存在较小偏差	与设计要求存在较大偏差	与设计要求严重不符
围护结构渗水	无渗水	异常湿渍或滴水现象	渗流水、伴有泥砂，呈现发展趋势	涌水量较大，带有大量泥砂

续表 7-9

指标	无警	轻警	中警	重警
支撑不及时或超挖	施工规范	存在疏漏，不利影响较小	施工不规范，支护结构易受影响	施工严重不规范，易影响支护体系稳定性
支撑变形破损	无变形破损	杆件、节点轻微变形或破损	杆件、节点较大变形或破损	压屈明显、节点移位，呈局部集中态势
区域土体稳定性	良好	存有不良地质，不利影响较小	土体易受扰动，不利影响较大	土体稳定性与设计要求不符，存在滑移风险
开挖面土质条件	良好	局部有不良地质	土质较差且土层较厚	易受扰动，抗渗性差
坑内积水	无积水	临时、分散、少量的积水	局部积水量较大，浸泡时间较长	存有大量积水，易影响土体稳定性
开挖面渗水	无渗水	少量渗水	渗水量较大，具有一定渗水面	渗水面大，渗流速度快，易影响土体稳定性
隔水层抗突涌稳定性	与设计要求完全相符	与设计要求存在较小偏差	与设计要求存在较大偏差	与设计要求严重不符
坑底涌水涌砂	无涌水涌砂	出现涌水点，水量小且相对稳定	涌水涌砂量较大，基底土体受扰动	涌水涌砂迅疾，易影响土体稳定性
坑边超载	无超载	坑边荷载较小，轻微不利影响	坑边荷载较大，支护体系局部受影响	坑边严重超载，易影响支护体系稳定性
外部扰动	无扰动	轻微扰动	扰动较大或未采取防扰动措施	扰动性强，易影响支护体系稳定性
管线开裂及泄露	安全完好	对周边环境安全影响较小	对周边环境安全影响较大	显著影响周边环境，易影响支护体系稳定性

7.3　警情诊断技术

7.3.1　诊断技术分析

7.3.1.1　诊断技术说明

在确立预警指标体系的基础上，还需通过科学适用的多源信息融合技术（multi-sensor information fusion）以实现准确高效的警情诊断效果。多源信息融合技术是将多个信息源获取的数据，通过关联、佐证、集成等方式融合，并最终得出能反映目标状况综合性结果。通过多源信息融合，能够在多源信息协同支持的基础上，获取更加客观、准确的警情诊断结果，并有效避免仅凭单一指标造成的诊断偏差。因此，选择科学适用的融合方法是保证准确诊断警情的关键所在。

目前，已有融合方法种类较多，各具特色的同时亦存在相应缺陷，尚未形成被一致认可的融合方法。下面在文献分析的基础上，对近年来主流的融合方法梳理总结，并阐明各类方法的原理及优缺点，见表 7-10。

表 7-10 多源信息融合方法

融合方法	原理说明	优点	缺点
模糊综合评判	通过专家经验和历史数据模糊描述工程中的风险因素，依据各因素的重要性设置相应权重并计算其可能隶属度，通过建立的模型确定工程的风险水平	避免"唯一解"，对因素较多的复杂系统评价效果好	确定的因素权重主观性大，且存在指标信息重复现象
可拓优度评价法	可拓优度评价方法主要用于评价一个对象的优劣程度，该评价方法可以针对单级或多级评价指标体系，根据预先设定的衡量标准，确定评对象的综合优度值	定性分析与定量分析相结合的方法，适用范围广泛	指标的权重依然需要通过其他方法确定
人工神经网络	以模仿人脑处理信息的方法来处理问题。相互连接的神经元集合不断从环境中学习，捕获本质线性和非线性的趋势，并预测包含噪声和部分信息的新情况	网络自适应能力强，能够处理非线性、非凹凸性的大型复杂系统	需要大量数据样本，数据准确度不高易造成结果难以收敛
支持向量机法	以统计学为基础的机器学习模型，用于处理分类和回归问题。通过不断学习训练，获取变量之间的对应关系，进行预测和分类	处理小样本问题，并避免"维数灾难"和局部极小问题	没有有效且明确选择合适的核函数的方法
D-S证据理论	D-S 证据理论通过合并多重证据从而做出决策，对推理进行合理的信息论解释，是一种决策理论	能够处理"信息"不准确引起的与由于"无知"引起的不确定性问题	要求"证据"是独立的，不易得到满足

7.3.1.2 诊断技术选择

就深基坑坍塌警情诊断而言，其特征主要体现在以下三方面：（1）由于深基坑工程具有地质条件独特、周边环境复杂、致灾机理多样、相关主体众多等特点，致使警情呈现形式与诊断过程均具有高度的复杂性；（2）已建立指标体系中定性指标占比较大，由于不同专家在知识水平、工作经验、认知程度等方面存有差异，这使得指标评定时存在一定程度的未确知性，即评定人员除能做出确定性判断外，还存在不确定或不知道的情况；（3）由于地质构造的复杂性、水土作用的隐蔽性、测点选取的主观性以及扰动因素的随机性，致使指标信息在主客观层面存有较大的不确定性，如何有效处理指标信息的不确定性成为关键。

基于上述融合方法与诊断特征分析，本书综合考虑选择 D-S 证据理论（以下简称 D-S 理论）作为深基坑坍塌警情诊断的融合方法。因为，若单纯采用模糊综合评价法或可拓优度评价法进行深基坑坍塌警情诊断，则存在关联性指标之间重复信息的累加，从而易导致诊断结果偏差很大；若采用人工神经网络法或支持向量机方法，由于不同深基坑工程之间差异性很大，故将不同实例的样本数据用于模型训练，易导致模型学习错乱以及输出结果的不可解释性，同时，这两种方法的运算过程具有封闭性，不利于深基坑坍塌的警情分析与风险定位。目前，D-S 理论作为不确定性推理工具，已被广泛应用于模式识别、定位跟踪、故障诊断、决策支持等多源信息融合领域，尤其对于信息缺失或不准确的情况其处理优势更加突显。

对深基坑坍塌警情诊断而言，其适用性主要体现为：（1）D-S 理论对获取信息的解释更接近人的思维习惯，从广义概率论角度，证据信息的融合可视为一种智能推理活动，这与警情诊断过程信息取证并综合集成的推理思维相合；（2）D-S 理论满足比 Bayes 概率理论更弱的初始条件，其通过置信概率分配反映信源对各命题的信任程度，除能对确定性命题做出信任分配外，还能够对"不确定"或"不知道"的情况提供显式表达，从而能良好反映评定时存在的未确知性；（3）D-S 理论作为一种相对严谨的不确定性推理方法，能够充分考虑指标信息之间的冲突性与一致性，从而良好实现不确定性信息的有效融合与信任更新。因此，D-S 理论为深基坑坍塌警情诊断提供了合理有效的推理途径。

需要说明的是，对于 D-S 理论的运用，需通过其他方法对各级指标权重进行合理分配，由于权重系数对诊断结果影响很大，所以应注重权重确定方法的选择，以免因权重问题造成诊断结果的偏差。

7.3.2　D-S 证据理论

证据理论作为一种多源信息融合技术，属于人工智能的范畴，具有处理不确定信息以及不精确推理的能力。该理论是在 Dempster 研究的基础上，由其学生 Shafer 进一步系统理论化，最终形成 D-S 证据理论（dempster-shafer evidence theory），其中证据的含义是指研究者利用个人经验与知识对某一问题经过观察研究，将所得结果作为决策依据，此结果可视为证据，继而通过证据融合规则得出相应的决策结果。因此，D-S 理论对于相互重叠的命题与互不相容的命题均具有较强的适用性与有效性。

7.3.2.1 识别框架 (frame of discernment, FD)

对于一个决策问题，其所包含的决策方案或决策结果构成一个集合，记作 Θ，这个离散集合被称作识别框架。离散集合 Θ 是由一系列相互独立且相互排斥的有限个决策方案或决策结果组成的。Θ 包含了决策问题的所有可能的判别假设。

假设 Θ (式 (7-6)) 由 n 个相互独立与相互排斥的互不相容的判别假设组成，即

$$\Theta = \{q_1, q_2, q_3, q_4, q_5\} \tag{7-6}$$

式中，$q_i(i = 1, \cdots, n)$ 称为识别框架中第 i 个基本判别假设；n 为构成判别假设的元素个数。

DSET 是在识别框架的幂集上运算的，将识别框架幂集记为：2^Θ (式 (7-7))，则 2^Θ 中每个组成元素称为 Θ 的一个基元。

$$2^\Theta = \{\{\varnothing\}, \{q_1\}, \cdots, \{q_n\}\{q_1, q_2\}\{q_1, q_3\}, \cdots, \{q_1, q_n\}, \cdots,$$
$$\{q_{n-1}, q_n\}\{q_1, q_2, q_3\}, \cdots, \{q_1, q_2, \cdots, q_n\}\}$$

$$\tag{7-7}$$

式中，$\varnothing$ 表示空集。

当识别框架有 n 个元素时，它的幂集含有 2^Θ 个元素。在 2^Θ 中，只包含一个元素的基元称为单子集。

7.3.2.2 基本信任分配函数 (basic probability assignment, BPA)

通过定义 BPA 来描述基元之间的差异性。在给定识别框架后，即可区分识别框架中的各个基元。

定义 7-1 设 Θ 为识别框架，$\forall X \subseteq \Theta$，$m(X)$ 表示用 $[0, 1]$ 区间上一个确定值来赋予 2^Θ 中每一个元素，即 $m(X): 2^\Theta \to [0, 1]$，满足 $m(\varnothing) = 0$，$\sum_{X \in 2^\Theta} m(X) = 1$ 的要求。$m(X)$ 为基元的 BPA。

这种映射是把 Θ 中任意一个基元映射为 $[0, 1]$ 上的一个数 $m(X)$，表示对基元 X 的真实信任程度。$m(\varnothing) = 0$ 表示对于空集的基元其 BPA 为零。$\sum_{X \in 2^\Theta} m(X) = 1$ 表示对所有 Θ 的幂集 2^Θ 中全部基元的 BPA 之和为 1，保证所有基元 BPA 的归一性。

定义 7-2 如果 $m(X) > 0$，则称基元 X 为焦元。所有焦元的并称为 BPA 的核。把 BPA 的核称作一个证据体 (body of evidence, BOE) (式 (7-8))。

$$(\Psi_i, m_i) = \{[X_i, m_i(X_i)] | X_i \subseteq \Theta, m_i(X_i) \geq 0\}, \quad i = 1, \cdots, k \tag{7-8}$$

式中，k 表示 BOE 的个数；X_i 表示第 i 个 BOE 中的焦元。

7.3.2.3 信任函数（belief function，Bel）

定义 7-3 设 Θ 为识别框架，Bel：$2^{\Theta} \to [0, 1]$，$\forall X \subseteq \Theta$ 满足：Bel$(X) =$ $\sum\limits_{Y \subseteq X,\ X \in \Theta} m(Y)$，Bel$(\varnothing) = 0$，Bel$(\Theta) = 1$ 的要求，则称 Bel(X) 为基元 X 的信任函数，表示对基元 X 的所有信任，亦即 X 中全部子集对应的 BPA 之和。

7.3.2.4 似然函数（plausibility function，Pl）

定义 7-4 设 Θ 为识别框架，似然函数 Pl 表示从集合 2^{Θ} 到 $[0, 1]$ 上的一个映射。

对于 $\forall X \subseteq \Theta$，满足 Pl$(X) = \sum\limits_{Y \cap X \neq \varnothing,\ X,\ Y \in \Theta} m(Y)$，Pl$(\varnothing) = 0$，Pl$(\Theta) = 1$，则称 Pl 为命题 X 的似然函数。

Pl(X) 表示对基元 X 的最大信任程度。Bel(X) 表示对于基元 X 和它的所有子集的总的 BPA 之和，而 Pl(X) 表示与基元 X 交集不为空的所有基元对应的 BPA 之和。当且仅当基元 X 与其他基元交集为空时，Pl(X) 与 Bel(X) 才相等，二者关系如图 7-13 所示。

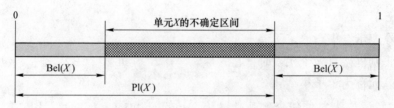

图 7-13　DSET 对单元 X 信任程度的划分

在图 7-13 中，对基元 X 支持的不确定区间为 $[0, \text{Bel}(X)]$，区间的上界为 Bel(X)，下界为零。最大支持基元 X 的不确定区间为 $[0, \text{Pl}(X)]$，Pl(X) 是最大支持区间的上界。区间 $[\text{Pl}(X), 1]$ 表示拒绝基元 X 的不确定区间；区间 $[\text{Bel}(X), \text{Pl}(X)]$ 为基元 X 的不确定区间，此区间表示既不拒绝，也不支持基元 X。

7.3.2.5 众信度函数

定义 7-5 设 Θ 为识别框架，在 Θ 上由 BPA 定义的众信度函数为：$\forall X \subseteq \Theta$，$Q(X)$：$2^{\Theta} \to [0, 1]$，满足：$Q(X) = \sum\limits_{X \subseteq Y} m(Y)$。$Q(X)$ 与 Bel(X) 的构建模式不同，Bel(X) 是从基元 X 子集的角度出发，是其子集基元的 BPA 之和，而 $Q(X)$ 是从基元 X 被包含的角度出发，是基元作为其他基元子集时的 BPA 之和。

假设 Ψ 是 BPA 的核，对于 $X \subseteq \Theta$ 是 Ψ 中的元素，有 $Q(X) > 0$。

7.3.2.6 公共函数

应用不确定区间 $[\text{Bel}(X), \text{Pl}(X)]$ 来描述基元 X 的不确定程度。但为保证工程应用中的便利性，一般通过确定性的数值来表示基元的不确定性。因此，构造了公共函数 $F(X)$，使其函数值在区间 $[\mathrm{Bel}(X)，\mathrm{Pl}(X)]$ 内，以度量基元的不确定性。

7.3.2.7　合成规则

在证据理论分析过程中，似然函数和信任函数被用来描述基元的不确定性，而似然函数和信任函数的定义又依赖于 BPA，所以 BPA 是 DSET 中最基本的函数，是定义其他函数的基础。在实际应用中，可以根据多个评价专家或信息源得到同一识别框架下的多个 BPA。因此，需通过合成规则来融合多个证据信息，即 Dempster 合成规则。

假设 Bel_1 和 Bel_2 是同一 Θ 上的信度函数，m_1、m_2 分别为二者对应的 BPA，焦元分别为 A_i 和 B_i，分别用图 7-14、图 7-15 表示其 BPA。

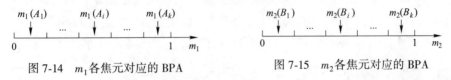

图 7-14　m_1 各焦元对应的 BPA　　　图 7-15　m_2 各焦元对应的 BPA

图 7-14~图 7-15 中，区间 $[0，1]$ 中的任意一段指各焦元所对应的基本置信度，但不能代表整个识别框架。

将 m_1 和 m_2 进行正交合成，利用横坐标表示 m_1 分配到其焦元 A_1，$\cdots$，A_k 上的 BPA，纵坐标表示 m_2 分配到其焦元 B_1，$\cdots$，B_k 上的 BPA，如图 7-16 所示。横纵坐标相交形成矩形，使用 $m_1(A_i)m_2(B_i)$ 表示。

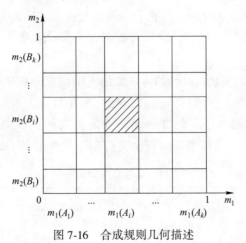

图 7-16　合成规则几何描述

设函数 $m(X)：2^{\Theta} \rightarrow [0，1]$ 为基本概率函数（式（7-9））：

$$m(C) = m_i(X_i) \oplus m_j(X_j) = \begin{cases} 0 & , Y \cap X = \varnothing \\ \dfrac{\sum\limits_{Y \cap X = C, \ X, \ Y \in \Theta} m_i(X) \times m_j(X)}{1 - \sum\limits_{Y \cap X = \varnothing, \ X, \ Y \in \Theta} m_i(X) \times m_j(X)} & , Y \cap X \neq \varnothing \end{cases}$$

$$(7\text{-}9)$$

式中，$m_{i(j)}(X)$ 表示第 $i(j)$ 个证据源的 BPA；$i(j)$ 代表第 $i(j)$ 个证据源；$\left[1 - \sum\limits_{Y \cap X = \varnothing} m_i(X) \times m_j(X) \right]^{-1}$ 称为归一化因子。

设冲突因子为 K_{ij}（式（7-10））：

$$K_{ij} = \sum_{Y \cap X = \varnothing} m_i(X) \times m_j(X) \tag{7-10}$$

式中，K_{ij} 称为第 i 和第 j 个证据源的冲突因子，表示两个证据源之间的冲突程度，且有 $0 \leqslant K_{ij} \leqslant 1$。当 $K_{ij} = 0$ 表示第 i 和第 j 个证据没有冲突，完全相等；当 $0 < K_{ij} < 1$ 或 $K_{ij} = 1$ 表示第 i 和第 j 个证据源有部分冲突或者完全冲突。

7.3.3　证据冲突修正

7.3.3.1　D-S 理论局限性

传统 D-S 理论被广泛运用于各类不确定性推理问题，然而在长期应用实践过程中，其自身局限性逐渐突显，主要体现为对于高度冲突的证据易出现与逻辑相悖的合成结果，具体包括证据合成悖论、0 信任悖论、融合规则失效等情形。

A　证据合成悖论

证据合成悖论又称为 Zadeh 悖论，是指两项高度冲突的证据通过 D-S 理论得出的合成结果与常理完全相悖。该项悖论最早由 Zadeh 提出，并给出经典算例，具体如下。

例 7-1　如表 7-11 所示，证据 m_1 对命题 A 的信度为 0.9，对命题 B 的信度为 0.1，并完全否定命题 C；同时，m_2 对命题 C 的信度为 0.9，对命题 B 的信度为 0.1，并完全否定命题 A；由此可明确两项证据之间存在高度的冲突，然而经 Dempster 规则得出的合成结果 $m_{1,2}$ 完全支持命题 B，显然合成结果与常理相悖。

表 7-11　证据合成悖论例表

	$m(A)$	$m(B)$	$m(C)$
m_1	0.9	0.1	0
m_2	0	0.1	0.9
$m_{1,2}$	0	1	0

B 0信任悖论

0信任悖论, 又称为一票否决悖论, 是指证据源中若某一证据否定命题 A ($m(A)=0$), 则无论其他证据对命题 A 的信度如何改变, 合成结果对命题 A 的信度将一直为0。

例7-2 如表 7-12 所示, m_1 对命题 C 信度为 0, m_2 对命题 A 信度为 0, 则不论其他证据对命题 A、C 的信度如何, 相应合成结果均为 0, 体现出"一票否决"的特征, 显然这与实际相悖。

表7-12 一票否决悖论例表

	$m(A)$	$m(B)$	$m(C)$
m_1	0.9	0.1	0
m_2	0	0.1	0.9
m_3	0.2	0.6	0.2
m_4	0.3	0.3	0.4
$m_{1,2,3,4}$	0	1	0

C 融合规则失效

融合规则失效是指当 2 项证据完全冲突时 (冲突系数 $K=1$), 则 Dempster 规则分母为 0, 从而导致证据无法合成的问题。此种情形虽较为少见, 但应予以足够重视。

7.3.3.2 证据源冲突修正

对于上述 D-S 理论的局限性, 国内外学者开展了大量研究, 并提出多种改进 D-S 合成方法, 但尚未形成一致的解决方案。经文献梳理, 改进方式可总结为两类: 一是对 Dempster 规则的改进, 聚焦于如何通过合成规则对证据冲突进行合理分配; 二是对初始证据源的修正, 此类方式认为 Dempster 规则不存在问题, 问题原因在于不同证据源的可靠性存在差异, 如专家经验、测点有效性等, 因此, 需充分考虑各证据自身的可信度, 对初始证据冲突先予以修正, 然后再通过 Dempster 规则进行融合。

目前, 对上述两种方式仍存有较大争议, 但近年来将冲突信息视为有效信息的理念被广泛认可, 基于此理念可明确改进 Dempster 规则的方式虽通过过滤冲突信息取得了较好的收敛性, 但易因信息损失导致合成结果的可靠性较差, 且算法步骤过于烦琐。综上, 本书认为修正初始证据源的方式更具合理性与可行性。经对比分析, 本书认为过多的因子设定与复杂的变换方式易导致信息失真, 相应优化效果并不显著, 反而增加了计算量。因此, 对证据之间冲突的衡量以证据距离为基准做简单变换即可。综上所述, 确定了对初始证据源的修正方式, 如图 7-17 所示。

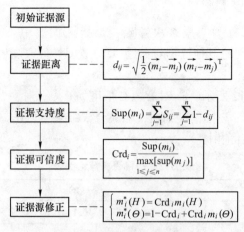

图 7-17 证据冲突修正方式

通过确定的冲突修正方式，对例 7-1、例 7-2 中的证据源进行修正，并计算相应合成结果，如表 7-13、表 7-14 所示。由表 7-13 可知，修正后合成结果对命题 A、C 的信度一致（均为 0.2990），对命题 B 的信度则非常小（为 0.0698），与初始证据信息相吻合，由此可有效避免证据合成悖论的问题。

表 7-13 例 7-1 证据源修正及合成结果

	$m(A)$	$m(B)$	$m(C)$	$m(\Theta)$
m_1^*	0.45	0.05	0	0.5
m_2^*	0	0.05	0.45	0.5
$m_{1,2}^*$	0.2990	0.0698	0.2990	0.3322

由表 7-14 可知，修正后的合成结果对命题 A、C 不再为 0，且信度值与初始信息相吻合，由此可有效避免一票否决悖论。此外，可明确通过证据源修正能合理降低证据之间的冲突性，从而能有效避免融合规则失效的问题。

表 7-14 例 7-2 证据源修正及合成结果

	$m(A)$	$m(B)$	$m(C)$	$m(\Theta)$
m_1^*	0.4810	0.0534	0	0.4655
m_2^*	0	0.0587	0.5285	0.4128
m_3^*	0.1679	0.5038	0.1679	0.1604
m_4^*	0.3	0.3	0.4	0
$m_{1,2,3,4}^*$	0.2658	0.3367	0.3975	0

综上所述，基于证据源修正的 D-S 合成方法具有较好的合理性与适用性，将其应用于深基坑坍塌警情诊断，能够有效处理指标信息含有的未确知性与不确定性，并能通过对多源不确定性信息的融合推理，更加准确地做出警级判定与风险定位。

7.4 警情诊断模型

7.4.1 指标权重确定

现有权重确定方法可总结为主观赋权法、客观赋权法及组合赋权法三大类。主观赋权法是定性的分析方法，根据决策者对各指标的主观重视程度赋权，如专家调查法、层次分析法等，但该类方法不足在于受主观影响较大；客观赋权法主要根据评价指标本身的相关关系和变异程度确定权数，如熵值法、主成分分析法等，但该类方法依赖于原始数据的有效性，否则易出现与普遍认知差异较大，甚至相悖的计算结果。组合赋权法是将主客观赋权法相结合，使两类方法优势互补，从而有效克服主观赋权法随意性较大，以及客观赋权法对数据绝对性依赖的弊端。鉴于此，对深基坑坍塌警情诊断，采取组合权方式确定预警指标权重。

7.4.1.1 主观赋权

运用层次分析法进行主观赋权，获得主观权重 w^1 且 $\boldsymbol{W}^1 = (w_1^1, w_2^1, \cdots, w_n^1)$，$w_j^1 \geq 0, \sum\limits_{j=1}^{m} w_j^1 = 1$。

7.4.1.2 客观赋权

运用熵值法确定客观权重 $\boldsymbol{W}^2 = (w_1^2, w_2^2, \cdots, w_n^2)$ 为指标客观权重向量。熵权理论认为，对于某一指标的各样本观测值，数据差别越大，则该指标对系统的比较作用就越大，也就是说该项指标包含和传递的信息越大，因此赋予较高的权重。熵权理论的计算基础是样本观测值，是站在客观数据的角度为研究对象赋权，因此，熵值法也成为一种典型的客观赋权法。具体操作步骤如下：

（1）将 m 个待评价项目 n 个指标值的原始数据 $x_{ij}(i = 1, 2, \cdots, m; j = 1, 2, \cdots, n)$ 组成矩阵，x_{ij} 表示第 i 个对象第 j 个指标的值，则初始矩阵为 $\boldsymbol{X}$（式（7-11））。

$$\boldsymbol{X} = \begin{bmatrix} x_{11} & x_{12} & \cdots & x_{1n} \\ x_{21} & x_{22} & \cdots & x_{2n} \\ \vdots & \vdots & \ddots & \vdots \\ x_{m1} & x_{m2} & \cdots & x_{mn} \end{bmatrix} \tag{7-11}$$

（2）确定各指标间贴近度。由于指标值中存在正向指标和负向指标，故将各指标都归一正向化（式（7-12））。

$$p_{ij} = \frac{x_{ij}}{\sum\limits_{i=1}^{m} x_{ij}} \tag{7-12}$$

（3）确定第 j 项指标的熵值大小（式（7-13））。

$$E_j = -n \sum\limits_{i=1}^{m} (p_{ij} \ln p_{ij}) \tag{7-13}$$

（4）对熵值归一化处理（式（7-14））。此处归一化利用各指标列中极大值熵 $E_{\max} = \ln \dfrac{1}{n}$。

$$e_j = -\ln \frac{1}{n} \sum\limits_{i=1}^{m} (p_{ij} \ln p_{ij}) \tag{7-14}$$

（5）熵值越大，其不确定性也越大，表明数据分散程度越严重，第 j 项指标的评价值数据的分散程度取决于该指标的信息熵 e_j 与 1 之差 h_j（式（7-15））。

$$h_j = 1 - e_j \tag{7-15}$$

（6）根据差异性系数确定各指标权重值（式（7-16））。对于给定指标 j，X_{ij} 的差异性系数 h_j 越小，则熵权越大。当 X_{ij} 全部相同时，差异性最大，$e_j = 1$，此时这项指标权重为零，对评价结果无影响；当同一指标的取值在各评价对象中差异越大，则差异性系数 h_j 越大，e_j 越小，该项指标对评价整体有重要性影响，即权重越大。

$$w_j = \frac{h_j}{\sum\limits_{j=1}^{n} h_j} \tag{7-16}$$

依照上述过程，可分析得出评价对象的客观权重。熵权的特点在于依据项目自身具备的特征值，借助信息系统处理方式，对项目内系统属性进行综合输入，同时输出最终熵权值。

7.4.1.3　基于 Lagrange 条件极值的组合赋权

现有研究中有多种组合权重方式，其中最小离差组合权重能够精确反映主客观倾向。因此，选择最小离差组合权重（即 Lagrange 条件极值原理）。在分别计算出客观权重和主观权重的基础上，基于 Lagrange 条件极值原理的进行综合赋权计算。计算过程具体如下：

（1）构造权重目标函数。综合前面获得的主观权重与客观权重可得"综合权重"（式（7-17）），令 α 和 β 分别表示 W^1 和 W^2 的重要程度，有

$$W = \alpha W^1 + \beta W^2 \tag{7-17}$$

式中，W 为综合权重（设 α 和 β 满足单位约束条件 $\alpha^2 + \beta^2 = 1$）。

设深基坑坍塌警情安全风险诊断值为（式（7-18））：

$$v_i = \sum_{j=1}^{n} a_{ij} w_j = \sum_{j=1}^{n} a_{ij}(\alpha w_j^1 + \beta w_j^2) \qquad (7-18)$$

v_i 越小越好，由此可构造目标规划模型（式（7-19））：

$$\begin{cases} \max Z = \sum_{i=1}^{m} \sum_{j=1}^{n} a_{ij}(\alpha w_j' + \beta w_j'') \\ s.t. \ \alpha^2 + \beta^2 = 1 \\ \alpha, \ \beta \geqslant 0 \end{cases} \qquad (7-19)$$

（2）应用 Lagrange 条件极值原理，计算主观权重和客观权重所占比例（式（7-20））。

$$\begin{cases} \alpha_1^* = \dfrac{\sum\limits_{i=1}^{m}\sum\limits_{j=1}^{n} a_{ij} w_j^{1}}{\sqrt{\sum\limits_{i=1}^{m}\sum\limits_{j=1}^{n} a_{ij} w_j^{1^2} + \sum\limits_{i=1}^{m}\sum\limits_{j=1}^{n} a_{ij} w_j^{2^2}}} \\[4ex] \beta_1^* = \dfrac{\sum\limits_{i=1}^{m}\sum\limits_{j=1}^{n} a_{ij} w_j^{2}}{\sqrt{\sum\limits_{i=1}^{m}\sum\limits_{j=1}^{n} a_{ij} w_j^{1^2} + \sum\limits_{i=1}^{m}\sum\limits_{j=1}^{n} a_{ij} w_j^{2^2}}} \end{cases} \qquad (7-20)$$

对 α_1^* 和 β_1^* 进行归一化处理（式（7-21））。

$$\begin{cases} \alpha^* = \dfrac{\alpha_1^*}{\alpha_1^* + \beta_1^*} \\[3ex] \beta^* = \dfrac{\beta_1^*}{\alpha_1^* + \beta_1^*} \end{cases} \qquad (7-21)$$

进一步可得到组合赋权值（式（7-22））。

$$w_j = \alpha^* w_j^1 + \beta^* w_j^2 \qquad (7-22)$$

（3）计算各级指标组合赋权后的权重值。一级指标层、二级指标层均采用上述方法进行综合赋权。

7.4.2　诊断模型建立

7.4.2.1　警级识别框确定

根据 7.2.1 节已确定的警情等级，设定警级识别框 $\Theta = \{$无警(A)，轻警(B)，中警(C)，重警(D)$\}$。

7.4.2.2   定量指标 mass 函数确定（数据级）

由表 7-2~表 7-4 可知，定量指标中部分指标的状态特征需通过累计值与变化速率共同确定，如围护结构顶部水平位移、深层水平位移等，为合理区分指标类型，本书将此类指标称为双控型指标，与此同时，其他仅通过单一取值确定状态特征的指标则称为单控型指标。

A   单控型指标 mass 函数

由于定量指标监测信息客观明确，因此，可在确定警级隶属度的基础上，将隶属度转换为相应 mass 函数。对此，首先通过灰类白化权函数确定指标警级隶属度。设指标预警区间为（图 7-18）：$[0, \lambda_1)$，$[\lambda_1, \lambda_2)$，$[\lambda_2, \lambda_3)$，$[\lambda_3, +\infty)$，分别对应无警（A 级）、轻警（B 级）、中警（C 级）、重警（D 级）4 个等级，则可构造各警级相应的灰类白化权函数 $f^k(x)(k = A, B, C, D)$。

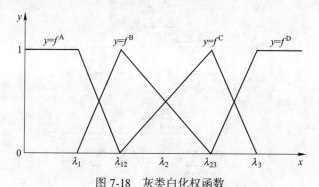

图 7-18   灰类白化权函数

A 级（无警）白化权函数为 $f^A(x)$（式（7-23））：

$$f^A(x) = \begin{cases} 1, & x \in (0, \lambda_1) \\ \dfrac{\lambda_{12} - x}{\lambda_{12} - \lambda_1}, & x \in (\lambda_1, \lambda_{12}) \\ 0, & x \notin (0, \lambda_{12}) \end{cases} \tag{7-23}$$

B 级（轻警）白化权函数为 $f^B(x)$（式（7-24））：

$$f^B(x) = \begin{cases} \dfrac{\lambda_{12} - x}{\lambda_{12} - \lambda_1}, & x \in (\lambda_1, \lambda_{12}) \\ \dfrac{x - \lambda_{12}}{\lambda_{23} - \lambda_{12}}, & x \in (\lambda_{12}, \lambda_{23}) \\ 0, & x \notin (\lambda_1, \lambda_{23}) \end{cases} \tag{7-24}$$

C 级（中警）白化权函数为 $f^C(x)$（式（7-25））：

$$f^{C}(x) = \begin{cases} \dfrac{\lambda_{23} - x}{\lambda_{23} - \lambda_{12}}, & x \in (\lambda_{12}, \lambda_{23}) \\ \dfrac{x - \lambda_{23}}{\lambda_{3} - \lambda_{23}}, & x \in (\lambda_{23}, \lambda_{3}) \\ 0, & x \notin (\lambda_{12}, \lambda_{3}) \end{cases} \tag{7-25}$$

D 级（重警）白化权函数为 $f^{D}(x)$（式（7-26））：

$$f^{D}(x) = \begin{cases} 1, & x \in (\lambda_{3}, +\infty) \\ \dfrac{x - \lambda_{23}}{\lambda_{3} - \lambda_{23}}, & x \in (\lambda_{23}, \lambda_{3}) \\ 0, & x \notin (\lambda_{23}, +\infty) \end{cases} \tag{7-26}$$

在确定指标警级隶属度后，可转换为相应 mass 函数 $\text{In}x(H)$（式（7-27）），以实现与 D-S 理论合成算法的合理对接。需要说明的是，因定量指标监测信息客观明确，所以其未确知置信度 $\text{In}x(\Theta) = 0$。

$$\text{In}x(H) = (f^{A}, f^{B}, f^{C}, f^{D}, 0) \tag{7-27}$$

B　双控型指标 mass 函数

对于双控型指标，若直接对累计值与变化速率的 mass 函数进行融合，易出现合成结果与事理不符的情形，因此，在结合深基坑工程实际的基础上，本书构建出双控型指标 mass 函数的确定方式，其设定主要考虑如下方面：

（1）累计值与速率存在一定的关联性，速率越大，累计值增长越快；

（2）累计值是指标当前状态的直接反映，速率为指标一段时间内的变化趋势，因此累计值相对更重要；

（3）当累计值为无警、速率为预警时，应引起重视并加强监测，可先不予报警，在累计值进入黄色预警后，再根据合成结果确定指标警级；

（4）当速率为无警、累计值为预警时，应以累计值 mass 函数为准，将其作为预警指标的 mass 函数。

基于上述考虑，最终确定出双控型指标 mass 函数的警级确定方式，见表 7-15。

表 7-15　双控型指标 mass 函数及警级确定

累计值 速率	绿		黄		橙		红	
	信度	警级	信度	警级	信度	警级	信度	警级
绿	—	—	累计值 mass 函数	黄	累计值 mass 函数	橙	累计值 mass 函数	红

累计值速率	绿		黄		橙		红	
	信度	警级	信度	警级	信度	警级	信度	警级
黄	—	—	合成 mass 函数	黄	累计值 mass 函数	橙	累计值 mass 函数	红
橙	—	—	合成 mass 函数	依合成结果判定	合成 mass 函数	橙	累计值 mass 函数	红
红	—	—	合成 mass 函数	依合成结果判定	速率 mass 函数	红	合成 mass 函数	红

7.4.2.3 定性指标 mass 函数确定（数据级）

由于定性指标具有模糊性与未确知性，因此，首先需由多位专家依据警级标准、工程经验及实际调查，评估各定性指标的初始 mass 函数，每条初始 mass 函数可看作一条反映指标状态的初始证据，记为 $m(H)$（式（7-28）），其应满足 $m(\varnothing) = 0$, $\sum_{H \subset \Theta} m(H) = 1$ 的要求。

$$m(H) = (m(A),\ m(B),\ m(C),\ m(D),\ m(\Theta)) \tag{7-28}$$

式中, $m(H)$ 用以反映指标与各警级的信度分配; $m(\Theta)$ 为专家对指标警级隶属情形的未确知程度。

为有效降低主观影响以及因分歧过大导致的诊断偏差，通过可信度因子对专家意见（证据源）进行修正。设 m_1, m_2, $\cdots$, m_n 为 n 位专家对同一指标评定的初始 mass 函数，则可得到各初始证据之间的距离矩阵 $\mathbf{DE}$（式（7-29））。

$$\mathbf{DE} = \begin{pmatrix} 0 & d_{12} & \cdots & d_{1n} \\ d_{21} & 0 & \cdots & d_{2n} \\ \vdots & \vdots & \ddots & \vdots \\ d_{n1} & d_{n2} & \cdots & 0 \end{pmatrix} \tag{7-29}$$

其中, $d_{ij} = \sqrt{\dfrac{1}{2}(\vec{m_i} - \vec{m_j})(\vec{m_i} - \vec{m_j})^{\mathrm{T}}}$, 代表证据 m_i 与 m_j 之间的距离。

证据之间距离越小，则二者之间相互支持度越大，定义 m_i 与 m_j 之间支持度为 s_{ij}（式（7-30）），由此可得到各证据之间的支持度矩阵 $\mathbf{S}$。

$$s_{ij} = 1 - d_{ij} \tag{7-30}$$

进一步可确定 m_i 的总支持度，记为 $\mathrm{Sup}(m_i)$（式（7-31））。

$$\text{Sup}(m_i) = \sum_{j=1}^{n} S_{ij} \tag{7-31}$$

证据总支持度越高则越可信，进一步从全局角度可确定证据 m_i 可信度因子 Crd_i（式（7-32））。

$$\text{Crd}_i = \frac{\text{Sup}(m_i)}{\max_{1 \leqslant j \leqslant n} [\text{Sup}(m_j)]} \tag{7-32}$$

根据可信度因子 Crd_i 对证据源进行修正，可得到修正后的 mass 函数 $m^*(H)$。进一步通过 Dempster 规则对 $m^*(H)$ 进行融合，则可确定各定性指标的 mass 函数 $\text{In}x(H)$（式（7-33））。

$$\begin{cases} m_i^*(H) = \text{Crd}_i m_i(H) \\ m_i^*(\Theta) = 1 - \text{Crd}_i + \text{Crd}_i m_i(\Theta) \end{cases} \tag{7-33}$$

7.4.2.4 预警指标权重确定

首先，通过 7.4.1.3 节组合赋权法确定出各预警指标的权重 w，然后通过式（7-34）进一步得到各预警指标的相对权重 w_i'。

$$w_i' = \frac{w_i}{\max[w_i]} \tag{7-34}$$

7.4.2.5 信度分配表建立

基于上述步骤，可得出各预警指标权重与相应 mass 函数，由此可汇总建立预警指标信度分配表，见表 7-16。

表 7-16 预警指标信度分配表

预警指标	权重	A	B	C	D	Θ
I_1	w_1'	$\text{In}x_1(A)$	$\text{In}x_1(B)$	$\text{In}x_1(C)$	$\text{In}x_1(D)$	$\text{In}x_1(\Theta)$
I_2	w_2'	$\text{In}x_2(A)$	$\text{In}x_2(B)$	$\text{In}x_2(C)$	$\text{In}x_2(D)$	$\text{In}x_2(\Theta)$
⋮	⋮	⋮	⋮	⋮	⋮	⋮

7.4.2.6 警情风险识别与警级确定（特征级）

通过式（7-35）对各预警指标 mass 函数进行赋权，并在此基础上通过 Dempster 规则逐层融合得出各类警情风险相应的 mass 函数 $R(H)$。

$$\begin{cases} \text{In}x'(H) = w_i' \text{In}x_i(H) \\ \text{In}x'(\Theta) = 1 - w_i' + w_i' \text{In}x_i(\Theta) \end{cases} \tag{7-35}$$

根据最大隶属原则，$R(H)$ 中最大值对应的等级即为相应安全风险的警情等级。若指标信息为即时观测信息，则可确定坍塌警情当前的安全状态；若指标信息为后续预测信息，则可确定坍塌警情未来的安全状态，进而可明确警情发展趋势，相应分级说明见表 7-17。

表 7-17　深基坑坍塌警情发展趋势分级说明

预警等级	标识	分 级 说 明
缓慢（A 级）	绿	未来一定期间内安全状态警级无提升
一般（B 级）	黄	未来一定期间内安全状态警级提升为 1 个等级，总体速度较缓
较快（C 级）	橙	未来一定期间内安全状态警级提升为 1 个等级，总体速度较快
迅速（D 级）	红	未来一定期间内安全状态警级提升高于 2 个等级

注：未来期间需根据安全风险类型、变形预测性能及深基坑工程实际综合确定。

7.4.2.7　警情态势综合判定（决策级）

根据当前安全状态与未来发展趋势，即能对深基坑坍塌警情做出综合性诊断，诊断方式见表 7-18，主要考虑如下方面：（1）当安全状态为无警、发展趋势为预警时，应引起重视并加强监测，在安全状态发展为黄色预警后再确定警情等级，以有效降低因频繁报警产生的不利影响；（2）当发展趋势为无警、安全状态为预警时，应以安全状态警级为准，将其作为警情等级；（3）当安全状态与发展趋势均为橙色预警时，考虑到安全态势的危急性，警情等级应确定为红色预警。

表 7-18　深基坑坍塌警级诊断方式

		当前安全状态			
		绿	黄	橙	红
未来发展趋势	绿	绿	黄	橙	红
	黄	加强监测	黄	橙	红
	橙	加强监测	橙	红	红
	红	加强监测	橙	红	红

7.5　警情诊断案例

本节警情诊断案例所依托工程同本书第 6.4 节，故此相应工程概况不再重复说明。同时，由于数据规模庞大且融合过程复杂，为清晰说明警情诊断过程及应用效果，现以北侧顺作区深基坑工程与既有左线隧道为预警对象，对提出的警情诊断模型进行效果检验。其中，对深基坑工程采用多指标综合诊断的方式，对既有隧道采用单指标诊断的方式。

7.5.1　安全风险预估

由于该工程项目邻近既有地铁，且基坑规模大、施工难度高、周边环境复杂，一旦发生坍塌灾害，会造成巨大的经济损失与社会影响，因此，在工程项目施工前，有必要对其全过程进行安全风险预估，以明确施工安全控制的重点，从而为后续安全预警相关工作提供必要的决策依据。

为明确较大安全风险所处的阶段、区域及程度，采用 Flac3D 对施工过程进行数值仿真分析，以更好地反映水土作用机理与结构变形特征，并确保安全风险预估的准确性。根据工程项目设计图纸、勘察报告及相关资料，进行数值分析模型构建，经网格划分与参数设置，得到初始数值模型，共包含节点 86706 个、单元 78584 个、分组 142 个，如图 7-19 所示。

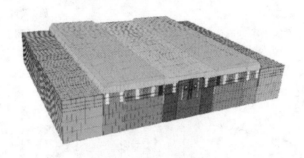

图 7-19　数值模型网格

为明确深基坑施工与既有隧道之间的相互影响，将施工过程分为 4 个施工阶段：（1）隧道周边加固与上部覆土清理（S1）；（2）两侧主体中心岛顺作施工（S2）；（3）中心岛周边逆作施工（S3）；（4）连接通道施工（S4）。安全风险预估主要对深基坑变形与既有隧道结构变形进行分析，模型中既有隧道变形测点设置如图 7-20 所示。

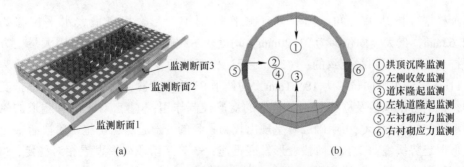

① 拱顶沉降监测
② 左侧收敛监测
③ 道床隆起监测
④ 左轨道隆起监测
⑤ 左衬砌应力监测
⑥ 右衬砌应力监测

监测断面3
监测断面2
监测断面1

（a）　　　　　　　　　　　　（b）

图 7-20　既有隧道变形测点设置
（a）监测断面设置；（b）监测点设置

通过数值仿真分析，分别得到顺作区围护变形位移、逆作区围护变形位移、既有隧道变形位移及收敛曲线，分析结果如图 7-21～图 7-24 所示。

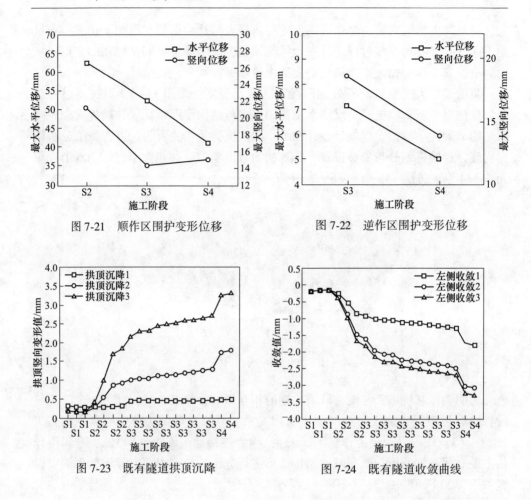

图 7-21　顺作区围护变形位移

图 7-22　逆作区围护变形位移

图 7-23　既有隧道拱顶沉降

图 7-24　既有隧道收敛曲线

　　根据分析结果可知:(1) 对于顺作区围护变形,相应最大水平位移为62. 62mm,最大竖向位移为 21. 20mm,均处于 S2 施工阶段,主要是因大量土方开挖与基坑内部卸载导致的;(2) 对于逆作区围护变形,相应最大水平位移为7. 11mm,最大竖向位移为 18. 61mm,均处于 S3 施工阶段,远小于顺作区围护变形,说明各层顶板及立柱起到了较好的变形控制作用;(3) 对于既有隧道的拱顶沉降与收敛变形,可明确二者呈现出较为一致的变形趋势,S1 施工阶段有一定变形但趋势缓慢;S2 施工阶段变形发展迅速;S3 施工阶段变形发展相对稳定;S4施工阶段变形出现陡增趋势。

　　综上所述,从时间维度可确定,顺作区施工安全风险最大,连接通道施工安全风险次之,逆作区施工安全风险较小;从空间维度可确定,南北侧顺作区围护变形较大,既有隧道在邻近深基坑开挖区域变形量较大,且与连接通道紧邻区域可能出现变形突跳。对上述安全风险较大区域,相应安全预警工作应予以充分的重视。

7.5.2 诊断基础说明

7.5.2.1 警情诊断分区

依据本书第7.4节多源融合结构，首先，对工程项目进行诊断分区，分区方式及相应安全风险见表7-19。其中，深基坑开挖面作为单独分区；支护体系以围护桩监测点为分区单元，北侧基坑共16个分区，南侧基坑共19个分区；既有隧道以监测断面为分区单元，左右线既有隧道各自具有31个分区；共计划分出99个诊断分区。需要说明的是，支护体系的诊断分区不以围护边缘为边界，还包括与支护体系紧邻的坑脚区域。

表7-19 深基坑工程预警诊断分区

对象	分区方式	数量	分区结果	安全风险
开挖面	结合诊断需求划分	2	北侧基坑开挖面（NK）南侧基坑开挖面（SK）	坑底隆起、坑底管涌、承压水突涌
支护体系	以围护桩监测点为分区单元	35	北侧基坑（N1～N16）南侧基坑（S1～S19）	强度破坏、整体滑移、内倾失稳、踢脚破坏、围护渗漏
既有隧道	以监测断面为分区单元	62	左线（LDM1～LDM31）右线（RDM1～RDM31）	既有隧道破坏

7.5.2.2 指标权重确定

根据本书7.5.2节采用的组合赋权法进行预警指标权重确定，结果见表7-20。此外，对于双控型指标，确定出包含累计值与变化速率的权重分别为0.6与0.4。

表7-20 支护体系预警指标权重确定

风险	预警指标	权重	风险	预警指标	权重
围护强度破坏 R_1	围护结构质量（R_{1-1}）	0.15	围护踢脚破坏 R_5	围护嵌固深度不足（R_{5-1}）	0.13
	围护深层水平位移（R_{1-2}）	0.34		开挖面土质条件（R_{5-2}）	0.20
	围护结构开裂（R_{1-3}）	0.19		围护深层水平位移（R_{5-3}）	0.06
	支撑不及时或超挖（R_{1-4}）	0.22		坑底隆起（R_{5-4}）	0.31
	坑边超载（R_{1-5}）	0.10		坑内积水（R_{5-5}）	0.30

续表 7-20

风险	预警指标	权重	风险	预警指标	权重
支撑强度破坏 R_2	支撑结构质量（R_{2-1}）	0.22	围护结构渗漏 R_6	围护结构质量（R_{6-1}）	0.21
	支撑内力（R_{2-2}）	0.11		围护结构开裂（R_{6-2}）	0.27
	支撑立柱竖向位移（R_{2-3}）	0.07		地下水位变化（R_{6-3}）	0.12
	支撑变形破损（R_{2-4}）	0.11		围护结构渗水（R_{6-4}）	0.15
	支撑不及时或超挖（R_{2-5}）	0.28		周边地表竖向位移（R_{6-5}）	0.16
	坑边超载（R_{2-6}）	0.21		周边地表开裂（R_{6-6}）	0.09
支护整体滑移 R_3	区域土体稳定性（R_{3-1}）	0.10	支护内倾失稳 R_4	支撑结构质量（R_{4-1}）	0.27
	支护结构质量（R_{3-2}）	0.14		支撑变形破损（R_{4-2}）	0.12
	围护嵌固深度不足（R_{3-3}）	0.12		坑边超载（R_{4-3}）	0.07
	围护顶部水平位移（R_{3-4}）	0.09		外部扰动（R_{4-4}）	0.12
	围护顶部竖向位移（R_{3-5}）	0.06		围护顶部水平位移（R_{4-5}）	0.20
	围护深层水平位移（R_{3-6}）	0.14		立柱竖向位移（R_{4-6}）	0.07
	支撑立柱竖向位移（R_{3-7}）	0.11		周边地表竖向位移（R_{4-7}）	0.08
	周边地表竖向位移（R_{3-8}）	0.05		周边地表开裂（R_{4-8}）	0.03
	周边地表开裂（R_{3-9}）	0.12		坑底隆起（R_{4-9}）	0.04
	坑底隆起（R_{3-10}）	0.07			

7.5.2.3 初始状态说明

由于该工程项目的特殊性，有必要对深基坑开挖前既有隧道的安全状态予以说明。工程早期首先对既有隧道上方大量堆土进行了清运，由于应力释放导致既有隧道产生了一定的隆起变形；之后，进行隧道周边加固及抗拔桩施工时对邻近土体造成扰动，故在前述基础上进一步加剧了既有隧道的变形。因此，首先需要明确深基坑开挖前既有隧道的安全状态。左线隧道变形曲线如图 7-25 所示，进

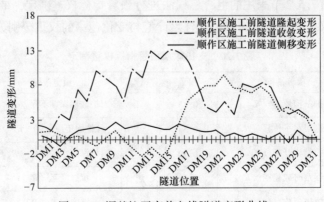

图 7-25 深基坑开完前左线隧道变形曲线

而结合相应警阈区间，确定出 DM05~DM25 分区的初始安全状态，其中 LDM14~LDM17 已呈现出轻警状态。

7.5.3 诊断效果分析

结合变形观测数据可知，深基坑开挖邻近隧道的中部分区（N14）变形较为显著，故以同时点 N14 及左线隧道 DM5~DM25 的相关信息为基础，进行警情诊断效果分析。

7.5.3.1 数据级融合诊断

通过监测、检测、巡查及评估等方式，在对指标信息采集的基础上，首先通过数据级融合方式，对各预警指标的安全状态进行诊断。

A 预警指标诊断（深基坑）

对于各定性指标，为确保指标状态评估的准确性，邀请 3 位有丰富经验的安全管理人员参与评定工作。现以"开挖面土质条件"（$R_{5\text{-}2}$）为例，得到各专家意见的可信度因子 Crd 依次为 1.0000、0.9302、0.9850，据此对初始信息进行证据冲突修正，结果见表 7-21。

表 7-21 修正后证据信息

	$m^*(H_A)$	$m^*(H_B)$	$m^*(H_C)$	$m^*(H_D)$	$m^*(\Theta)$
$m_1^*(H)$	0.5500	0.1900	0.1400	0	0.1200
$m_2^*(H)$	0.3535	0.3256	0.0930	0	0.2279
$m_3^*(H)$	0.6009	0.2758	0.1084	0	0.0149

基于修正后的证据信息，进一步采用 D-S 经典规则加以融合，可得"开挖面土质条件"（$R_{5\text{-}2}$）的 mass 函数为 $\text{In}x_{5\text{-}2}(H)$ = (0.8079, 0.0233, 0.1669, 0, 0.0014)。根据最大隶属度原则，可确定该指标状态处于无警等级（绿）。

对于各定量指标，则需依据指标观测值及警阈区间，通过灰类白化权函数确定其等级隶属度，然后转换为相应 mass 函数。以围护结构深层水平位移（$R_{1\text{-}2}$）为例，相应累计值为 38.40mm，变化速率为 0.30mm/d；结合指标警阈区间，可确定累计值隶处于轻警等级（黄），变化速率隶处于无警等级（绿）。进一步，根据本书提出的双控型指标融合方式（表 7-15），经隶属度转换可得 $\text{In}x_{1\text{-}2}(H)$ = (0.0933, 0.9067, 0, 0, 0)，由此可确定该指标状态处于轻警等级（黄）。

B 预警指标诊断（既有隧道）

结合观测数据可知，深基坑开挖期间既有隧道的隆起变形与收敛变形较为显著，故此以"隧道竖向位移"（$R_{11\text{-}1}$）与"隧道径向收敛"（$R_{11\text{-}3}$）为例，对指标诊断过程进行说明。首先，根据监测信息确定出相应 mass 函数，然后通过双控型指标融合方式（表7-15）得出指标警级，如图7-26和图7-27所示。根据指标诊断结果可知，左线隧道的隆起变形与收敛变形均出现了中警等级（橙），其中隆起变形较为集中且变形量较大；收敛变形变形量相对较小，但涉及范围较广。

	LDM05	LDM06	LDM07	LDM08	LDM09	LDM10	LDM11	LDM12	LDM13	LDM14	LDM15	LDM16	LDM17	LDM18	LDM19	LDM20	LDM21	LDM22	LDM23	LDM24	LDM25
累计值警级	绿	绿	绿	绿	绿	绿	绿	绿	绿	绿	黄	橙	橙	绿	橙	橙	橙	黄	黄	黄	黄
速率警级	绿	绿	绿	绿	绿	绿	绿	绿	绿	绿	绿	绿	绿	绿	绿	绿	绿	绿	绿	绿	绿
指标警级	绿	绿	绿	绿	绿	绿	绿	绿	绿	绿	黄	橙	橙	绿	橙	橙	橙	黄	黄	黄	黄

图 7-26 左线隧道各分区竖向位移警级确定

	LDM05	LDM06	LDM07	LDM08	LDM09	LDM10	LDM11	LDM12	LDM13	LDM14	LDM15	LDM16	LDM17	LDM18	LDM19	LDM20	LDM21	LDM22	LDM23	LDM24	LDM25
累计值警级	黄	黄	绿	黄	黄	绿	黄	绿	橙	黄	橙	黄	黄	绿	绿	绿	绿	绿	黄	绿	绿
速率警级	绿	绿	绿	绿	绿	绿	绿	绿	绿	绿	绿	绿	绿	绿	绿	绿	绿	绿	绿	绿	绿
指标警级	黄	黄	绿	黄	黄	绿	黄	绿	橙	黄	橙	黄	黄	绿	绿	绿	绿	绿	黄	绿	绿

图 7-27 左线隧道各分区径向收敛警级确定

7.5.3.2 特征级融合诊断

在数据级融合的基础上，可对分区内各类型安全风险进行融合诊断，以明确潜在的风险类型与警情等级。需要说明的是，由于既有隧道采用单指标预警，故不涉及特征级融合过程。

对于深基坑工程，根据已确定预警指标的 mass 函数，进一步通过指标权重与 D-S 经典合成规则，得到分区 N14 各类安全风险的合成结果，见表7-22。

表 7-22 诊断分区安全现状评估结果

诊断分区	风险类型	$m^*(H_A)$	$m^*(H_B)$	$m^*(H_C)$	$m^*(H_D)$	$m^*(\Theta)$	诊断结果
N14	R_1	0.1032	**0.8543**	0	0	0.0425	黄
	R_2	**0.8726**	0.0832	0	0	0.0442	绿
	R_3	**0.9614**	0.0081	0	0	0.0305	绿
	R_4	**0.9437**	0.0506	0	0	0.0057	绿
	R_5	**0.9142**	0.0844	0	0	0.0014	绿
	R_6	**0.9131**	0.0862	0	0	0.0007	绿

根据诊断结果可知，分区 N14 的潜在安全风险为"围护强度破坏"（R_1），处于轻警警级（黄）；同时，可明确其涵盖的异常指标分别为围护深层水平位移 R_{1-2}（黄）、支撑不及时或超挖 R_{1-4}（黄）。

7.5.3.3 决策级融合诊断

首先基于历史监测信息，确定安全风险未来5天内的发展趋势；进而结合当前安全状态与未来发展趋势，对警情态势做出决策级诊断。

A 警情态势判别（深基坑）

首先，在获取预测信息的基础上，通过数据级、特征级融合，分别得到未来5 天内安全风险相应的诊断结果，进而对未来发展趋势评级；然后，进一步做出诊断分区的警情态势判别。

根据警情态势判别过程，可明确 N14 分区 R_1 风险未来发展趋势稳定，处于缓慢评级（绿）；因此，依据表 7-18 的警级诊断方式，以当前安全状态为核心，判定警情等级为轻警（黄），警情诊断结果见表 7-23。对此安全管理人员应予以重视，加强监测力度并持续关注。

表 7-23 N14 分区警情诊断结果

诊断分区	坍塌风险	当前状态	发展趋势	警情等级	异常指标
N14	R_1	黄	绿	黄	R_{1-2}黄
					R_{1-4}黄

B 警情态势判别（既有隧道）

同前，采用警情态势判别程序，对既有隧道各分区警情态势做出决策级诊断。根据警情诊断结果可知：（1）LDM16～LDM25 隆起变形呈现出集聚预警状态，其中，LDM17～LDM21 隆起变形量已处于中警等级（橙），但发展趋势相对缓慢；（2）LDM22 与 LDM24 隆起变形呈现出较快发展趋势；（3）LDM05～LDM16 收敛变形呈现出集聚预警状态，其中，邻近深基坑中线区域的 LDM13、LDM15 收敛变形量较大，LDM16 呈现出较快发展趋势。综上，采用安全风险取大原则，得出既有隧道各分区相应的警情态势判别结果，如图 7-28 所示。

总体而言，既有隧道变形特征较为明显，隆起变形与收敛变形单侧集中，呈现出中部变形量较大，并逐渐向两端递减的形态。结合工程实际，初步推断引致既有隧道变形发展的主要原因在于：（1）顺作施工前，既有隧道的隆起变形与收敛变形未得到有效控制；（2）基坑开挖过程中，由于原位土体卸载，致使隧道变形进一步发展。经对比分析，顺作开挖引致的隧道变形占变形累计值的30%，说明深基坑开挖对既有隧道变形的影响短期内不显著，但在长期累积效应下可能产生较大的变形影响。此外，需要注意的是，LDM16 处的隆起变形与收敛变形均达到轻警等级（黄），且收敛变形具有一定的发展趋势（黄），对此有必要加强监测并持续关注。

由以上分析可知，深基坑开挖致使既有隧道变形在初始状态的基础上得到进一步发展，邻近深基坑中线区域的隧道分区普遍处于中警等级（橙）。同时，考虑到深基坑开挖的滞后效应，若不及时加以控制，后续隧道变形趋势可能加快，甚至出现突变情形。因此，对于当前警情态势，有必要适当减缓施工，并及时采取警情控制措施。

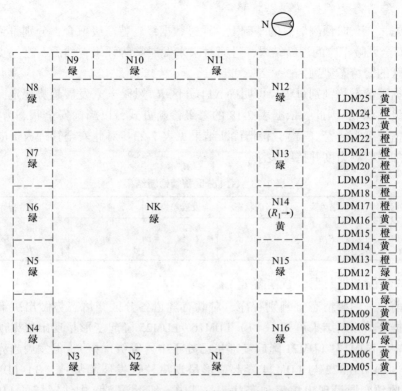

图 7-28　工程项目坍塌警情诊断结果

8 深基坑坍塌警情控制决策

目前，对深基坑坍塌警情的控制主要取决于会商专家及决策者的历史经验，然而由于警情形式千差万别，且不同专家之间存有较大的经验差异，使得控制决策过程缺乏灵活性与高效性，难以满足警情控制的紧迫性要求。因此，本章基于案例推理理论，进行坍塌警情控制决策模型的构建，以期为警情控制提供更加科学高效的决策方法。

8.1 控制决策方法

8.1.1 案例推理理论

就深基坑坍塌警情控制决策而言，警情发展过程多具有很高的不确定性，相应解决途径及控制方案也灵活多样，因此，难以通过固定单一的范式实现对坍塌警情的高效控制。针对上述问题，案例推理理论（case-based reasoning，CBR）提供了合理的解决途径（图8-1）。

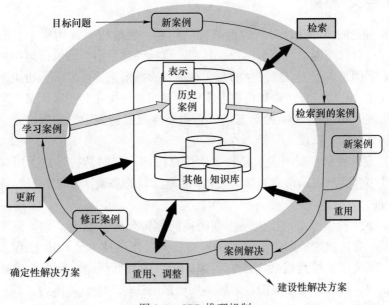

图 8-1 CBR 推理机制

CBR 理论的核心理念与人类大脑记忆模式相一致，反映了人类利用已有经验来处理类似新问题的智能推理过程。根据案例推理理论可知，案例是一种表达历史经验的叙事方式，其中蕴含着丰富且难以提取的隐性经验，这些经验与特定情景相关联，是专家依据历史经验解决类似新问题的核心依据。历史经验通常以案例事件为载体，通过参考、借鉴及重用等方式，以实现对复杂非良结构问题的指导价值。因此，CBR 理论提供了一种有效检索、分享及再利用历史经验的智能决策方法。

根据已有研究，可将 CBR 技术分为两类，即解释型 CBR 与解决型 CBR。其中，解释型 CBR 主要针对分类性问题，通过参考历史案例对当前问题进行解释、描述及分类，其应用范围多涉及故障识别、医疗诊断、法律咨询等方面；解决型 CBR 主要针对决策性问题，通过参考历史案例的解决办法，借鉴提出当前问题的解决方案，其范围多涉及专家系统、决策支持、智能控制等方面。

目前，CBR 已在各行业领域得到广泛应用，并体现出非常广阔的发展前景，其主要优势在于：（1）CBR 对于解决边界模糊且理论抽象的问题具有显著优势；（2）CBR 避免了信息提取瓶颈，实际应用系统性高、开放性强且推理速度较快；（3）CBR 具有持续学习能力，允许对历史案例的修正与更新，从而有利于其推理性能的不断改进；（4）CBR 为组织成员（团队、企业，乃至行业）提供了经验共享平台，有助于促进组织经验的迭代更新。

8.1.2　控制决策基础

CBR 理论的核心是针对当前拟解决的问题，通过相似案例检索、借鉴及重用，实现对目标问题求解的全过程。其中，目标问题是指当前亟待解决的复杂问题，历史案例是指过去已经发生的真实案例。根据案例推理需求，历史案例通常由案例描述、环境特征、解决措施及实施效果四部分构成。在形成案例库的基础上，可实现 CBR 推理机制的动态循环，主要涉及案例表示、案例检索、案例重用、案例更新四个阶段。

（1）案例表示。案例表示是将案例信息按照一定的结构形式予以规则化的表达。其中，案例表示形式是实现 CBR 推理机制的基础，也是对目标问题特征的直观反映。

（2）案例检索。案例检索是指在明确问题特征的基础上，从案例库中按照一定的匹配算法快速抽取相似案例的检索技术。该项技术是 CBR 推理求解的重要支撑，其决定了检索结果（匹配案例）能否为目标问题求解提供准确、充分的经验支持。目前，对于案例检索的实现可采用三种策略，具体为关联检索、层次检索，以及基于模型的检索。

（3）案例重用。案例重用是在目标问题与案例问题对比分析的基础上，根据问题差异选择性借鉴历史经验，以实现问题求解的过程。就深基坑坍塌警情而言，由于工程之间的差异性以及施工过程的复杂性，很少会出现完全相同的案例，故此案例重用时应充分注重对案例解修正的合理性。

（4）案例更新。案例更新是 CBR 模型拥有持续学习能力的基础保证，通过增量学习算法能够使案例库及时修正、更新、精简及优化，从而不断深化自身经验，以保证其先进性、合理性及高效性。

8.2 案例要素分析

8.2.1 案例表示框架

由于深基坑坍塌警情相关信息众多，且零散分布于各类文件中（如文档、表格、日志、图片、录像等），若对所有信息全部采集，易造成建模工作量繁重、存储信息冗杂、检索效率过低等问题。因此，有必要根据警情控制决策需求，对案例信息框架进行设计。

警情控制所需案例主要涵盖问题情景描述与历史经验说明两个方面。其中，对于问题情景描述，应在清晰表达问题的基础上，保证目标问题的标识性与易读性；对于历史经验借鉴，则主要包括问题原因分析、安全态势判别、控制方案制定及实施反馈效果等方面。

为清晰反映警情控制案例的信息构成，本书在专家访谈及小组讨论的基础上，结合深基坑工程实际，确定出用于问题情景描述的 4 项基本属性，分别为基坑特征、周边环境、情景特征、不良征兆；同时，确定出用于历史经验描述的 4 项基本属性，分别为引致因子、安全态势、控制措施、反馈效果。由此形成深基坑坍塌警情控制案例信息框架，如图 8-2 所示。

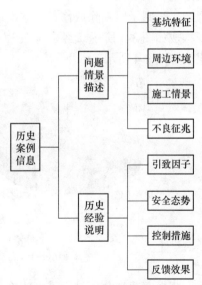

8.2.2 案例要素识别

8.2.2.1 案例要素初选

在已建立案例信息框架的基础上，依据结构清晰、信息完整、合理适用等要素提取原则，对各基本属性进一步细化，经文献分

图 8-2 警情控制案例信息框架

析与课题组讨论，共汇总得到 37 项案例初选要素，见表 8-1。需要说明的是，要素是用以反映案例信息的基础单元，但并非是案例信息的最小元素，对于集成性

较高的要素，可根据表示需要下设多级属性。

表 8-1 警情控制案例初选要素

基本属性	要 素
基坑特征	1. 基坑区位；2. 基坑等级；3. 基坑规模；4. 基坑长宽比；5. 施工工法；6. 基坑深度；7. 地质特征；8. 水文特征；9. 支护结构；10. 穿越情形；11. 当地气候
周边环境	12. 既有建筑；13. 既有交通；14. 既有管线
施工情景	15. 时间信息；16. 空间信息；17. 天气信息；18. 邻近结构；19. 地质条件；20. 地下水位；21. 开挖深度；22. 开挖步长
不良征兆	23. 变形累计超限；24. 变形速率超限；25. 受力超限；26. 不良现象
引致因子	27. 环境类因子；28. 技术类因子；29. 管理类因子
安全态势	30. 发展形势；31. 可控判别
控制措施	32. 开展顺序；33. 目标问题；34. 决策指令；35. 资源配备
反馈效果	36. 控制效果；37. 总结建议

8.2.2.2 重要性检验及修正

在要素初选的基础上，需进一步对各要素进行重要性检验。采用问卷调查法对各要素进行重要性检验，依据初选要素共设置 37 个选择题项，并将检验标准设定为：重要性指数 $ID_i > 80$，变异系数 $\delta_i < 0.2$，即对符合检验标准的要素予以保留，否则予以剔除或修正。本次调研共计发放并回收有效问卷 134 份，信息来源构成如图 8-3 所示。经数据处理与分析，最终得出各预警指标重要性检验结果，如图 8-4 所示。

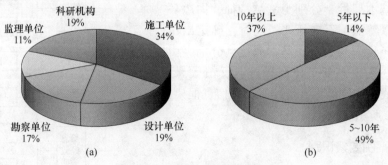

图 8-3 问卷信息来源构成

（a）调研专家单位分布；（b）调研专家工作年限分布

根据重要性分析结果，可明确 84% 的初选要素重要性指数较高，且变异系数处于合理范围内，满足重要性检验的要求。

经对初选要素的剔除、置换及修正，最终得到深基坑坍塌警情控制案例要素，见表 8-2。

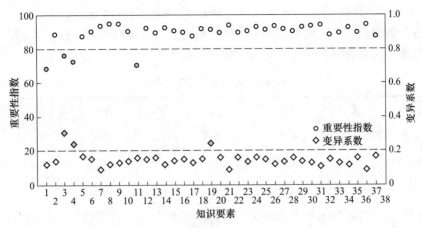

图 8-4　案例要素重要性分析结果

表 8-2　深基坑坍塌警情控制案例要素

基本属性	案 例 要 素
基坑特征	基坑等级；基坑形状；形状参数；基坑深度；施工工法；地质特征；水文特征；支护结构；穿越情形
周边环境	既有建筑；既有交通；既有管线
施工情景	时间信息；空间信息；天气信息；邻近结构；地质条件；地下水位偏差；开挖深度；开挖步长
不良征兆	变形累计超限；变形速率超限；受力超限；不良现象
引致因子	环境类因子；技术类因子；管理类因子
安全态势	发展形势；可控判别
控制措施	开展顺序；目标问题；决策指令；资源配备
反馈效果	控制效果；总结建议

8.3　案例表示形式

8.3.1　表示方法选择

目前已形成十多种案例表示方法，相应表示效果也各具特色。其中，较为常用的案例表示方法主要有谓词逻辑表示法（predicate logic representation, PLR）、产生式表示法（production rule representation, PRR）、语义网络表示法（semantic network representation, SNR）、框架表示法（framework representation, FR）、面向对象表示法（object oriented representation, OOR）、本体表示法（ontology representation，OR）、可拓基元表示法（extenics basic-element representation，EBR）等。各类案例表示方法因基础理念、信息结构、技术策略等的不同，表示效果也各有侧重。现对各方法优劣势进行对比，见表 8-3。

表 8-3 案例表示方法优劣势

指标	PLR	PRR	SNR	FR	OOR	OR	EBR
表示单元	逻辑公式	规则	网络图	框架	对象	对象	基元
结构性	差	一般	好	很好	很好	好	好
表示粒度	一般	一般	一般	好	很好	很好	很好
适用范围	陈述型	过程型、控制型	陈述型	陈述型	兼有	兼有	兼有
自然性	很好	很好	很好	很好	很好	很好	很好
可理解性	很好	很好	好	好	一般	一般	好
模块性	很好	很好	差	好	好	好	好
编码实现	容易	容易	一般	一般	一般	较复杂	一般
应用效率	差	差	一般	很好	好	很好	好

经对比分析，选择采用以 FR 为主、EBR 为辅的表示方式，以此作为警情控制案例的表示方法。其中，FR 作为案例表示的基础方法，EBR 作为其中过程性信息的表示方法。原因在于：警情控制案例信息总体结构性较强，对此 FR 具有突出的适用性；同时，考虑到控制措施过程性较强，FR 对此适用性较差，可选择 EBR 作为补充。

8.3.2 表示结构设计

8.3.2.1 表示结构分级

首先，将警情控制案例（DC）划分为背景信息（BS）与前景信息（FS）（式（8-1））。其中，背景信息主要包括基坑特征（KF）与周边环境（KE）等属性（式（8-2））；前景信息一般为不同时点情景片段 S_i 的有序集合（式（8-3））。

$$DC = \{BS, FS\} \tag{8-1}$$

$$BS = \{KF, KE\} \tag{8-2}$$

$$FS = \{S_i | i = 1, 2, \cdots, n\} \tag{8-3}$$

在前述基础上，根据已建立案例信息框架（第 8.2.1 节），本书提出警情控制案例的表示结构，包括"案例层—情景层—多级属性层"，如图 8-5 所示。其中，案例层用于标识案例的名称与编号；情景层用于将案例拆分为背景与前景

（情景集）；多级属性层用于对背景信息、前景片段进行属性划分与赋值。

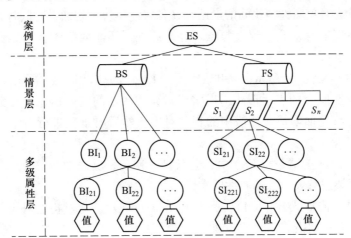

图 8-5　警情控制案例表示结构

8.3.2.2　案例情景划分

情景是对案例事件某一时刻安全态势的综合反映，因此，案例事件可划分为由多个情景构成的情景序列。根据情景演化过程可知，相邻情景之间存有一定的因果逻辑关系，当前时刻的情景既是前一时刻情景演变的结果，同时也是导致后一时刻情景产生的原因。为便于情景演变关系的描述，对具有直接因果关系的一组情景采用情景序偶的形式表示，如 S_x 经发展转变为 S_y，则可表示为 $\langle S_x,\ S_y \rangle$，其中 S_x 为前因情景，S_y 为后果情景。通过上述设定，深基坑坍塌警情控制案例可被划分为一系列离散非连续的关键情景片段，从而实现对其前景的形式化表示（式（8-4））。

$$FS = \{(S,\ SR)\,|f(SR) = \langle S_i,\ S_j \rangle;\ (S_i,\ S_j) \in S;\ 1 \leqslant i,\ j \leqslant n\} \qquad (8\text{-}4)$$

式中　FS——警情控制案例的前景；

　　　S——FS 切分后情景片段的集合；

　　　SR——情景间演变关系的类型。

8.3.2.3　情景表示结构

情景表示结构是指单个情景片段所含信息的组织结构。从案例信息角度，情景表示结构应能准确反映决策者面对的问题特征（情景描述）与控制经验（解及解效果）。故此，情景片段可理解为某一时刻坍塌警情相关要素的系统性集合。根据已建立案例信息框架，可明确情景片段主要涵盖施工情景（KS）、不良征兆（KW）、引致因子（KC）、安全态势（KD）、控制措施（KM）、反馈效果（KA）6 项基本属性（式（8-5））。

$$S_i = \{KS,\ KW,\ KC,\ KD,\ KM,\ KA\} \qquad (8\text{-}5)$$

　　为保证案例信息存储及调用的高效性，对各基本属性采用模块化的表示方式；同时，为避免属性模块间的混用，在各属性模块中均加设时间标识与空间标识，以确保情景信息的一致性与唯一性。此外，还需明确各基本属性的表示形式，具体如下：

　　（1）对不良征兆（KW）、引致因子（KC）的属性信息，采用"对象—对象属性—属性值"的表示形式，以实现对异构属性的统一描述。在情景实例化过程中，可首先抽取情景片段中的相关对象，然后再依次进行对象属性划分与赋值。

　　（2）对于施工情景（KS）、安全态势（KD）、反馈效果（KA）3 项属性，采用固定框架进行表示，各属性要素详见 8.2.2 节。

　　（3）对于控制措施（KM），引入 EBR 进行表示，通过构建可拓基元分子结构，以增强对控制措施信息的归纳。

　　根据 EBR 可知，基元是用以描述事物变化的形式化语言，可分为物元（M）、事元（A）与关系元（R）。其中，物元用以描述具体对象，事元用以描述对象之间的相互作用，关系元用以描述对象、事件之间的相互关系。据此，可将控制措施（KM）作为基元设定如下：（1）控制措施物元（Ψ）是指在执行过程中涉及的概念本体 O_Ψ（执行人员、所需设备、所需物资等）、对象特征 C_Ψ 及量值 V_Ψ，可简记为 $\Psi = (O_\Psi, C_\Psi, V_\Psi)$；（2）控制措施事元（$\Omega$）是指在执行过程中涉及的动作本体 O_Ω、动作特征 C_Ω 及量值 V_Ω，可简记为 $\Omega = (O_\Omega, C_\Omega, V_\Omega)$；（3）控制措施关系元（$\Lambda$）是指控制措施物元与事元之间的二元关系 O_Λ、关系特征 C_Λ 及量值 V_Λ，可简记为 $\Lambda = (O_\Lambda, C_\Lambda, V_\Lambda)$。

　　需要强调的是，对含有多项任务的控制措施，若将所有任务在同一基元结构中进行表示，则易产生信息复杂、可读性较差等问题。对此，本书选择将各项任务单独表示，并通过任务之间的关系描述，以实现对控制措施结构化、简明性的表达。经分析，任务之间的关系（R'）主要包括总分关系（R'_{Aa}）、承接关系（R'_{ab}）、并列关系（R'_{aa}）。根据以上设定，就能实现对控制措施文本信息的提取与归类（式（8-6）、式（8-7））。

$$\mathbf{KM} = \begin{bmatrix} \mathrm{km} \\ R' \end{bmatrix} = \begin{bmatrix} \mathrm{km}_1 & \mathrm{km}_2 & \cdots & \mathrm{km}_q \\ & R'_{(1,2)} & \cdots & R'_{(q-1,q)} \end{bmatrix} \tag{8-6}$$

$$[\mathrm{km}] = \begin{bmatrix} O_\Psi & C_\Psi & V_\Psi \\ O_\Omega & C_\Omega & V_\Omega \\ O_\Lambda & C_\Lambda & V_\Lambda \end{bmatrix} \tag{8-7}$$

　　最后，为保证对控制措施（KM）表示的规范性与一致性，结合深基坑工程实际，确定出相应信息的表示元素（表 8-4）与表示结构（图 8-6）。

表 8-4 控制措施信息表示元素

表示需求	表示元素	符号
目标问题	目标对象	OB
	问题说明	PR
控制措施	控制指令	CD
	执行者	EX
	资源需求	RE

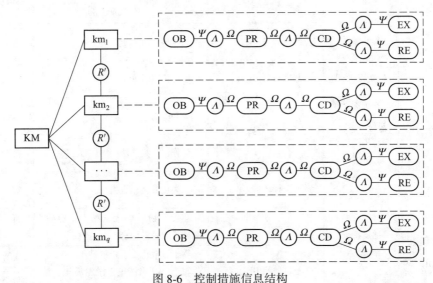

图 8-6 控制措施信息结构

8.3.3 案例信息整合

在确定案例表示结构的基础上，可进一步通过属性划分以形成完整的案例表示模型。现基于前述案例表示结构，依次对案例信息属性划分，以明确各级属性要素与信息类型。

8.3.3.1 背景信息确定

由前述分析可知，背景信息主要包括基坑特征（KF）与周边环境（KE）两项基本属性。其中，基坑特征又可进一步细分为基坑等级、基坑形状、形状参数、施工工法、基坑深度、地质条件、水文条件、支护结构、穿越情形 9 项要素；周边环境可进一步细分为既有建筑、既有交通、既有管线 3 项要素。

首先将各基本属性作为一级属性，要素作为二级属性；然后，依据现行相关标准、规范、规程等，依次对各二级属性进行分析，并确定相应信息类型与取值范围；同时，对于需进一步细分的二级属性，采用逐级划分的方式确定其下层属性。由此，可确定基坑特征与周边环境的各级属性与取值范围，见表 8-5 和表 8-6。

表 8-5 基坑特征属性要素与取值描述

一级属性	二级属性	三级属性	取值描述	信息类型
基坑特征 BI_1	基坑等级 BI_{1-1}	—	一级、二级、三级	符号型
	基坑形状 BI_{1-2}	—	矩形、异型	符号型
	形状参数 BI_{1-3} （以矩形为例）	基坑长度 BI_{1-3-1}	实际值（非负）	数值型
		基坑宽度 BI_{1-3-2}	实际值（非负）	数值型
	基坑深度 BI_{1-4}	—	≥5m	数值型
	施工工法 BI_{1-5}	—	顺作法、逆作法	符号型
	地质特征 BI_{1-6}	岩土工程条件 BI_{1-6-1}	Ⅰ类、Ⅱ类、Ⅲ类	符号型
		地层组合 BI_{1-6-2}	填土、粉质黏土、黏土、粉砂、细砂、圆砾等组合	符号型 数值型
		不良地质 BI_{1-6-3}	软土、液化土、松散砂土、冻土、膨胀土、湿陷性土、淤泥质土、溶洞等	符号型 数值型
		地质稳定性 BI_{1-6-4}	良好、较好、一般、较差、差	模糊型
	水文特征 BI_{1-7}	地下水类型 BI_{1-7-1}	上层滞水、潜水、承压水	符号型
		地下水位 BI_{1-7-2}	实际值	数值型
	支护结构 BI_{1-8}	围护结构 BI_{1-8-1}	含结构类型、结构参数等下层属性	符号型 数值型
		支撑结构 BI_{1-8-2}	含结构类型、结构参数等下层属性	符号型 数值型
		安全等级 BI_{1-8-3}	一级、二级、三级	符号型
	穿越情形 BI_{1-9}	穿越对象 BI_{1-9-1}	隧道、管线、桥梁等	符号型
		位置关系 BI_{1-9-2}	上跨、侧穿、下穿等位置关系及邻近距离	符号型 数值型
		对象参数 BI_{1-9-3}	根据穿越对象特征扩展设置并赋值	符号型 数值型

表8-6　周边环境属性信息与取值描述

一级属性	二级属性	三级属性	取值描述	信息类型
周边环境 BI_2	既有建筑 BI_{2-1}	建筑数量	基坑周边 $2H$ 范围内建筑数量	数值型
		历史保护性建筑	有、无	符号型
	既有交通 BI_{2-2}	既有隧道	含隧道数量、最邻近距离等下层属性（$2H$ 范围内）	数值型
		既有桥梁	含桥梁数量、最邻近距离等下层属性（$2H$ 范围内）	数值型
		既有公路	含公路数量、最邻近距离等下层属性（$2H$ 范围内）	数值型
		既有铁路	含铁路数量、最邻近距离等下层属性（$2H$ 范围内）	数值型
		既有管线数量	基坑周边 $2H$ 范围内管线数量	数值型
	既有管线 BI_{2-3}	地下输水管数量	既有地下输水管数量	数值型

8.3.3.2　前景信息确定

前景信息各基本属性中，不良征兆（KW）与引致因子（KC）两项属性信息异构性较强，故采用"对象—对象属性—属性值"的表示形式，不再设定固定的信息结构；控制措施（KM）因其过程性较强，故采用可拓基元分子结构进行表示。则情景片段属性划分主要涉及施工情景（KS）、安全态势（KD）、反馈效果（KA）三项属性。根据现行标准与警情控制需求，确定出相信属性信息与取值描述，见表8-7~表8-10。

表8-7　施工情景属性信息与取值说明

一级属性	二级属性	三级属性	取值描述	信息类型
施工情景 BI_3	时间信息 BI_{3-1}	—	情景对应的时点或时段	数值型
	空间信息 BI_{3-2}	—	情景对应的空间位置	符号型
	天气信息 BI_{3-3}	天气类型 BI_{3-3-1}	降雨、降雪、大风等	符号型
		特征参数 BI_{3-3-i}	根据天气类型设置，主要包括温度、风力、降雨量等	符号型 数值型
	邻近结构 BI_{3-4}	根据结构实际确定	相应属性及取值可依据表8-8	符号型 数值型

续表 8-7

一级属性	二级属性	三级属性	取值描述	信息类型
施工情景 BI_3	地质条件 BI_{3-5}	开挖面土层 BI_{3-5-1}	粉质黏土、黏土、软土等	符号型
		弹性模量加权值 BI_{3-5-2}	开挖面以上依据土层厚度弹性模量加权值	数值型
		弹性模量加权值 BI_{3-5-3}	开挖面以上依据土层厚度的黏聚力加权值	数值型
		重度加权值 BI_{3-5-4}	开挖面以上依据土层厚度的重度加权值	数值型
	地下水位偏差 BI_{3-6}	—	实际值	数值型
	开挖深度 BI_{3-7}	—	实际值	数值型
	开挖步长 BI_{3-8}	—	实际值	数值型

注：i 表示相应属性参数需根据实际设定并编号。

表 8-8 邻近结构属性与取值描述

结构类型	结构属性	取值描述	信息类型
邻近建筑	邻近距离	距基坑边缘最近距离	数值型
	结构类型	砌体、框架、剪力墙等	符号型
	建筑面积	实际值	数值型
	建筑层数	实际值	数值型
	基础形式	条形、筏板、桩等	符号型
	基础埋深	基底埋置深度	数值型
	服役年限	建筑实际服役年限	数值型
邻近隧道	邻近距离	距基坑边缘最近距离	数值型
	隧道埋深	隧道顶至地面距离	数值型
	隧道外径	实际值	数值型
	衬砌强度	实际值	数值型
	衬砌厚度	实际值	数值型
邻近桥梁	邻近距离	距基坑边缘最近距离	数值型
	基础形式	桩、沉箱、管柱等	符号型
	基础埋深	基底埋置深度	数值型
邻近公路	邻近距离	距基坑边缘最近距离	数值型
	公路等级	高速、一级、二级、三级、四级	符号型
	交通荷载	交通荷载设计值	数值型

结构类型	结构属性	取值描述	信息类型
邻近铁路	邻近距离	距基坑边缘最近距离	数值型
	铁路等级	高铁、Ⅰ级、Ⅱ级、Ⅲ级、Ⅳ级	符号型
	交通荷载	交通荷载设计值	数值型
邻近管线	邻近距离	距基坑边缘最近距离	数值型
	管线功能	供水、污水、雨水、燃气等	符号型
	尺寸	实际值	数值型
	埋深	实际值	数值型
	使用状况	良好、锈蚀、渗漏等	符号型

表 8-9　安全态势属性信息与取值说明

一级属性	二级属性	取值描述	信息类型
安全态势 BI_6	时间信息 BI_{6-1}	情景对应时点或时段	数值型
	空间信息 BI_{6-2}	情景对应空间位置	符号型
	发展形势 BI_{6-3}	缓慢、较快、迅急	模糊型
	可控判别 BI_{6-4}	低、较低、一般、较高、高	模糊型

表 8-10　反馈效果属性信息与取值说明

一级属性	二级属性	取值描述	信息类型
反馈效果 BI_8	时间信息 BI_{8-1}	情景对应时点或时段	数值型
	空间信息 BI_{8-2}	情景对应空间位置	符号型
	控制效果 BI_{8-3}	差、较差、一般、较好、良好	模糊型
	总结建议 BI_{8-4}	控制措施经验总结与改进建议描述	文本型

8.4　案例检索模型

8.4.1　属性权重确定

由于深基坑坍塌警情复杂多样，所以在不同警情中各属性相应的重要程度存在差别，对此需根据警情实际对属性权重加以确定。本书采用序关系分析法（G1 法）作为属性权重确定方法。G1 法是根据因素之间的重要性排序，通过不同指标之间的比较判断赋予权重值的方法，该方法无需进行一致性检验，具有计算简便、易于解释等优点，因此更具实用性与便捷性。方法步骤具体如下。

8.4.1.1　确定致因节点序关系

若 x_i 比 x_j 的重要程度更高，则将其关系定义为 $x_i > x_j$。首先，将特征属性

组成集合 $\{x_1, x_2, \cdots, x_n\}$ 作为指标项，按照每个指标对深基坑警情影响程度的不同，建立序关系 $x_1^* > x_2^* > \cdots > x_n^*$，其中 x_i^* 为排序后的第 i 个特征属性。

其中序关系的建立步骤如下：（1）专家在特征属性集 $\{x_1, x_2, \cdots, x_n\}$ 中选取对深基坑警情影响最大的节点并记为 x_1^*；（2）专家在剩余的 $(n-1)$ 个致因节点中再选取一个对深基坑警情影响最大的节点并记为 x_2^*；（3）以此类推，直到挑选出对深基坑警情影响最小的致因节点。最终，建立各致因节点之间的唯一序关系 $x_1^* > x_2^* > \cdots > x_n^*$。

8.4.1.2 确定重要性标度值

将特征属性 x_{k-1} 和 x_k 的重要程度之比 $\omega_{k-1}/\omega_k (k = n, n-1, \cdots, 3, 2)$ 记为 r_k，当 n 值较大时，$r_k = 1$，具体取值见表 8-11。

若特征属性集满足 $x_1^* > x_2^* > \cdots > x_n^*$ 这样的序关系，且 r_k 和 r_{k-1} 之间满足 $r_{k-1} > \dfrac{1}{r_k}$，其中 $k = n, n-1, n-2, \cdots, 3, 2$。

表 8-11 比较判断表

r_k	说　　明
1.0	致因节点 x_{k-1} 和 x_k 对最终缺陷的贡献相同
1.2	致因节点 x_{k-1} 比 x_k 对最终缺陷的贡献稍微大
1.4	致因节点 x_{k-1} 比 x_k 对最终缺陷的贡献明显大
1.6	致因节点 x_{k-1} 比 x_k 对最终缺陷的贡献强烈大
1.8	致因节点 x_{k-1} 比 x_k 对最终缺陷的贡献极端大
1.1, 1.3, 1.5, 1.7	相邻比较判断的中间情况

8.4.1.3 计算特征属性权重

特征属性 x_n 的权重 ω_n 可根据式（8-8）计算而得，任意节点 x_k 的权重 ω_k 可根据式（8-9）计算。

$$\omega_n = \left(1 + \sum_{k=2}^{n} \prod_{i=k}^{n} r_i\right)^{-1} \tag{8-8}$$

$$\omega_{k-1} = r_k \omega_k, \quad k = n, n-1, n-2, \cdots, 3, 2 \tag{8-9}$$

8.4.2 案例检索方法

8.4.2.1 结构相似度

比较源案例与目标案例所包含的特征属性，计算二者的交集和并集的权重之和，将二者的比值作为结构相似度，如式（8-10）所示。

$$\mathrm{JSIM}(Q,\ C) = \frac{W_{Q \cap C}}{W_M} = \frac{\displaystyle\sum_{i=1}^{m} w_i}{\displaystyle\sum_{k=1}^{l} w_k} \tag{8-10}$$

式中　Q——目标案例情景的非空属性集；

　　　C——源情景的非空属性集；

　　　w_i——案例 Q 和案例 C 交集中的第 i 个属性的权重；

　　　w_k——案例 Q 和案例 C 并集的第 k 个属性的权重。

8.4.2.2　属性相似度

（1）当属性为语言变量时，先将其表示为三角模糊数 $(l_{ij},\ m_{ij},\ n_{ij})$，再规范为 $(x_{ij},\ y_{ij},\ z_{ij})$，如式（8-11）和式（8-12）所示。

$$(x_{ij},\ y_{ij},\ z_{ij}) = \left(\frac{l_{ij}}{\sqrt{\displaystyle\sum_{i=1}^{m}(n_{ij})^2}},\ \frac{m_{ij}}{\sqrt{\displaystyle\sum_{i=1}^{m}(n_{ij})^2}},\ \frac{n_{ij}}{\sqrt{\displaystyle\sum_{i=1}^{m}(l_{ij})^2}},\ l_{ij},\ m_{ij},\ n_{ij} \in L^{\alpha} \right) \tag{8-11}$$

$$(x_{ij},\ y_{ij},\ z_{ij}) = \left(\frac{1}{n_{ij}\sqrt{\displaystyle\sum_{i=1}^{m}\left(\frac{1}{l_{ij}}\right)^2}},\ \frac{1}{m_{ij}\sqrt{\displaystyle\sum_{i=1}^{m}\left(\frac{1}{m_{ij}}\right)^2}},\ \frac{1}{m_{ij}\sqrt{\displaystyle\sum_{i=1}^{m}\left(\frac{1}{n_{ij}}\right)^2}},\ l_{ij},\ m_{ij},\ n_{ij} \in L^{\beta} \right) \tag{8-12}$$

式中　L^{α}，L^{β}——分别表示属性为效益型和属性为成本型的两种情况。

　　为方便计算属性距离，将三角模糊数 $(x_{ij},\ y_{ij},\ z_{ij})$ 转化为区间数 $[e_{ij}^{-},\ e_{ij}^{+}]$，其中，$e_{ij}^{-} = \frac{x_{ij} + y_{ij}}{2}$，$e_{ij}^{+} = \frac{y_{ij} + z_{ij}}{2}$。

（2）确定符号属性，定义为枚举类型，当属性值相同时，定义相似度为 1，反之为 0，如式（8-13）所示。

$$\mathrm{SIM}_{CQ}(Q_f,\ C_{if}) = \begin{cases} 1, & Q_f = C_{if} \\ 0, & Q_f \neq C_{if} \end{cases} \tag{8-13}$$

式中　Q_f——目标案例属性 f 的值；

　　　C_{if}——案例库中第 i 个源案例属性 f 的值。

（3）确定数属性，采用基于海明距离的相似度计算方法，如式（8-14）所示。

$$\mathrm{SIM}_{CQ}(Q_f,\ C_{if}) = 1 - \frac{|Q_f - C_{if}|}{f_{\max} - f_{\min}} \tag{8-14}$$

式中，$f_{\max}$ 和 $f_{\min}$ 分别表示确定数属性 f 取值范围的最大值和最小值。

（4）区间数属性，由于部分监测数据采集具有不确定性，观测到的数据可能会是一个区间范围，因此，有必要定义数与区间、区间与区间之间的相似度计算方法。数与区间之间的相似度测算方法如式（8-15）所示，区间与区间之间的相似度测算方法如式（8-16）所示。

$$\text{SIM}_{CQ}(a, [b_1, b_2]) = 1 - \frac{\int_{b_1}^{b_2} |x - a| \mathrm{d}x}{(f_{\max} - f_{\min})(b_2 - b_1)} \tag{8-15}$$

$$\text{SIM}_{CQ}([a_1, a_2], [b_1, b_2]) = 1 - \frac{\int_{a_1}^{a_2} \int_{b_1}^{b_2} |y - x| \mathrm{d}y \mathrm{d}x}{(f_{\max} - f_{\min})(a_2 - a_1)(b_2 - b_1)} \tag{8-16}$$

式中，a 为确定数属性的值；$[a_1, a_2]$ 和 $[b_1, b_2]$ 为区间数属性的值，且 a，a_1，a_2，b_1，$b_2 \in [f_{\min}, f_{\max}]$。

式（8-15）和式（8-16）中，积分求解分别依赖于点 a 与区间 $[b_1, b_2]$、区间 $[a_1, a_2]$ 与区间 $[b_1, b_2]$ 之间的关系。

8.4.2.3 全局相似度

为了在属性值缺失情况下，更加科学、合理地计算全局相似度，根据属性类型，在求得源案例与目标案例的结构相似度和属性相似度后，通过式（8-17）将二者整合，得到全局相似度。

$$\text{SIM}(Q, C) = \sum_{i=1}^{m} \left(\frac{w_i}{W_{Q \cap C}} \text{sim}(s_{0i}, s_{ij}) \right) \tag{8-17}$$

式中　$W_{Q \cap C}$——目标案例 Q 和源案例 C 交集的权重之和；

　　　　w_i——目标案例 Q 和源案例 C 交集中的第 i 个属性的权重；

　　　　m——目标案例 Q 和源案例 C 交集中属性的个数；

$\text{sim}(s_{0i}, s_{ij})$——目标案例与源案例情景中第 i 个属性的相似度。

8.5 警情控制案例

本节警情控制案例所依托工程同本书第 6.4 节，相应警情同本书 7.5 节，故此工程概况及警情诊断结果不再重复说明。同时，由于坍塌警情兼具复杂性与紧迫性，要科学高效地实现警情控制，快速制定出合理可行的控制方案是关键所在。现基于安全控制需求，对提出的警情控制决策模型进行检验。

8.5.1 相似案例检索

由于案例采集的局限性，在研究过程中尚未形成数量充足的警情控制案例库。在此客观前提下，以工程实例为目标，有针对性地采集到与之类似或相近的

3 个警情控制案例。目标案例记为 EC_0，历史案例分别记为 EC_1、EC_2、EC_3。

8.5.1.1 案例表示示例

由于采集到的初始案例信息较为散乱且存在大量冗余，所以为实现对案例信息的有效利用，通过案例表示模型对案例信息进行梳理。现以历史案例 EC_2 为例，对案例表示模型进行说明。

首先，基于案例表示模型，采用框架表示法（FR）对历史案例 EC_2 的背景信息进行梳理，主要包括基坑特征与周边环境等相关信息。由于相关信息众多，故此列出部分背景信息示例，如图 8-7 所示。在此基础上，情景片段是对案例事件某一时刻的显式反映，故此相关信息具有时空唯一性，所以在各特征属性的表示框架前，增设时间、空间标识，以保证信息衔接的一致性。根据案例表示结构可知，情景片段主要包括施工情景、不良征兆、引致因子、安全态势、控制措施及反馈效果等相关信息。其中，除控制措施属于过程性信息外，其他特征属性均可通过框架表示法予以表示，如图 8-8 所示。

- 槽1: <案例标识>
  - 案例编号 (侧面1001): 0002
  - 案例名称 (侧面1002): EC2
- 槽2: <一级属性>
  - 子槽1: <基坑特征BI>
    - 基坑等级 (侧面2101): 一级
    - 基坑形状 (侧面2102): 矩形
    - 子槽1: <形状参数>
      - 基坑长度 (侧面21101): 96
      - 基坑宽度 (侧面21102): 59
    - 基坑深度 (侧面2104): 17.8
    - 施工工法 (侧面2105): 顺作法
  - 子槽2: <地质特征>
    - 岩土工程条件 (侧面21201): II类
    - 地层组合 (侧面21202): 2-4-5
    - ......

图 8-7 基于 FR 的案例背景示例

- 槽1: <案例标识>
  - 案例编号 (侧面1001): 0002
  - 案例名称 (侧面1002): EC2
- 槽2: <一级属性>
  - 子槽1: <施工情景BI3>
    - 时间信息 (侧面2101): 20150317
    - 空间信息 (侧面2102): 长边中线
    - 天气信息 (侧面2103): 晴
    - 子槽1: <邻近隧道>
      - 邻近距离 (侧面21101): 34
      - 隧道埋深 (侧面21102): 13.4-15.2

    - 子槽2: <不良征兆BI4>
      - 时间信息 (侧面2201): 20150317
      - 空间信息 (侧面2202): 长边中线
      - 说明 (侧面21201): 文本21201
      - ......

图 8-8 基于 FR 的情景片段示例

警情控制案例 EC_2 中，针对因深基坑开挖引起既有隧道收敛变形较大的问题，采取了通过在隧道两侧通过压力注浆抑制隧道收敛变形的控制措施。现通过可拓基元表示法（EBR）对 EC_2 中的控制措施进行表示，如图 8-9 所示。

8.5.1.2 相似度计算

在历史案例结构化表示的基础上，首先计算案例之间的背景相似度。通过计算结构相似度与属性相似度，得到目标案例与历史案例的背景相似度，分别为 $EC_1(0.613)$、$EC_2(0.654)$、$EC_3(0.425)$。可以看出，案例 EC_1 与 EC_2 相似度均

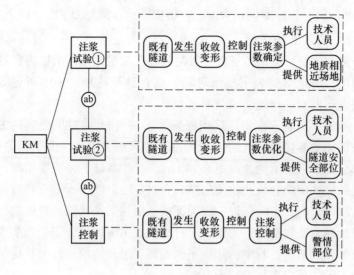

图 8-9　基于 EBR 的控制措施表示

符合检索匹配条件，EC_3 与 EC_0 相似性较低，故舍弃该案例。

　　进一步结合警情实际，计算目标案例与历史案例 EC_1、EC_2 之间的前景相似度。通过计算结构相似度与属性相似度，得到目标案例与历史案例的前景相似度，分别为 $EC_1(0.471)$、$EC_2(0.717)$。可以看出，案例 EC_2 与 EC_0 相似度较高，故以 EC_2 的警情控制经验为基础，进行警情控制方案的制定。

　　基于 EC_2 中的控制措施及反馈效果，并结合警情实际，初步制定警情控制方案，后经专家会商研讨对方案进行优化，最终确定出警情控制方案如下：（1）对于隧道隆起变形，继续采用反压控制措施，并根据后续变形情况适当调整反压荷载；（2）在远离隧道场地内，选取与警情部位相近的位置进行注浆试验，对注浆压力、水泥浆配比、注浆量、注浆孔距离等参数做初步确定；（3）在既有隧道 1 号连接通道区域（变形较小）进行试注浆，并根据控制效果优化注浆参数；（4）对警情部位进行注浆治理。

　　需要强调的是，对于同一部位隆起变形与收敛变形的综合控制，需避免因反压荷载过大导致隧道收敛变形发展的问题。当隆起变形发展较快，收敛变形相对稳定时，可适度增加反压荷载；但若收敛变形发展较快，则应停止加载。换言之，警情控制的核心思路在于抑制当前较大的发展态势，保持深基坑与既有隧道的安全稳定性，而非实现对既有隧道初始状态的恢复。

8.5.2　控制效果分析

　　首先，通过注浆试验初步确定了相关基础参数，主要包括单孔注浆量、注浆

流量、注浆压力、注浆管间距等（图 8-10）。然后，在 1 号连接通道区域进行注
浆试验（图 8-11）。注浆完成后隧道收敛变形出现小幅度下降，并在之后出现一
定回弹。对于变形回弹，主要是因孔隙压力随时间消散引致的。总体而言，注浆
试验对隧道收敛变形的降低量很小，但对于变形发展态势起到了很好的抑制
作用。

图 8-10　注浆试验现场布置　　　　图 8-11　1 号连接通道区域注浆试验

在前述基础上，进一步优化注浆参数，并对警情部位进行注浆控制
（图 8-12）。注浆区域为 1 号、2 号、3 号连接通道区域各自外扩 3m 范围内。采
用双排注浆，内外排孔采用梅花间隔布置，注浆深度为隧道中心上下 2m 范围，
如图 8-13 所示。

 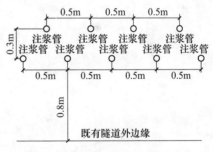

图 8-12　警情注浆控制　　　　　　图 8-13　注浆平面布置

通过对注浆前后收敛变形发展趋势的对比分析，可以看出注浆控制对收敛变
形的降低量非常小，但对隧道周边土体起到良好的固化效果，大幅度提升了土体
的抗侧刚度与弹性模量，有效抑制了后续收敛变形的发展态势。以左线隧道
DM15 为例（图 8-14），其注浆前收敛变形已达到 16.9mm，在注浆后收敛变形小
幅下降至 15.1mm，并在注浆结束后短期内有所回升。结合观测数据可知，注浆
后 DM15 收敛变形基本保持稳定，仅有小幅上升。由此说明了警情控制方案的有
效性。

此外，根据隧道隆起变形的发展趋势，在施工过程中适时增加了反压荷载，以左线隧道 DM20 断面为例，如图 8-15 所示，可知，反压荷载的增加能够有效降低隧道隆起变形的发展速率；同时，结合观测数据可知，合理的反压控制措施对隧道收敛变形影响较小，对警情态势控制起到良好的辅助作用。

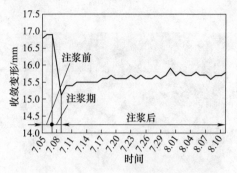

图 8-14　左线 ZDM15 收敛变形发展曲线

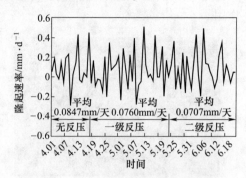

图 8-15　左线 DM20 隆起变形速率曲线

综上所述，可明确提出的警情控制决策模型，能够对决策过程提供较好的经验支持，由此验证了模型的先进性。

参 考 文 献

［1］　钱七虎．利用地下空间助力发展绿色建筑与绿色城市［J］．隧道建设（中英文），2019，
　　　39（11）：1737~1747.

［2］　李皓燃，李启明，陆莹．2002—2016年我国地铁施工安全事故规律性的统计分析［J］.
　　　都市快轨交通，2017，30（1）：12~19.

［3］　蒋海峰，王宝华．智能信息处理技术原理与应用［M］．北京：清华大学出版社，2019.

［4］　Kung G T, Juang C H, Hsiao E C. Simpliefied model for wal deflection and ground-suiface settle-
　　　ment caused by braced excacation in clays［J］. Journal of Geotechnical and Geoenvironmental
　　　Engineering, 2007, 133（6）: 731~747.

［5］　Lam S Y, Haigh S K, Bolton M D. Understanding ground deformation mechanisms for multi-
　　　propped excavation in soft clay［J］. Soils and Foundations, 2014, 54（3）: 296~312.

［6］　张建新，周嘉宾，吴东明．超深逆作基坑围护结构变形分析［J］．建筑结构，2012，42
　　　（4）：121~123.

［7］　李佳宇，陈晨．坑角效应对基坑周围建筑物沉降变形影响的研究［J］．岩土工程学报，
　　　2013，35（12）：2238~2246.

［8］　陈昆，闫澍旺，孙立强，等．开挖卸荷状态下深基坑变形特性研究［J］．岩土力学，
　　　2016，37（4）：1075~1082.

［9］　Leu S S , Lo H C. Neural-network-based regression model of ground surface settlement induced
　　　by deep excavation［J］. Automation in Construction, 2004, 13（3）: 279-289.

［10］　Demenkov P, Verbilo P. Methodology of precdiction stress-strain state deep foundation
　　　structures of subway station's taking into account stages of its constrction［J］. Procedia Engi-
　　　neering, 2016, 165: 379~384.

［11］　袁金荣，赵福勇．基坑变形预测的时间序列分析［J］．土木工程学报，2001（6）：55~
　　　59.

［12］　徐洪钟，周元，杨磊．基于LS-SVM的基坑最大水平位移预测模型［J］．水电能源科学，
　　　2011，29（9）：123~125.

［13］　Kojima Y, Asakura T, Yoshikawa K, et al. Tunnel deformation behavior due to ground surface
　　　excavation above the tunnel［J］. Journal of the Society of Materials Science, 2003, 52（8）:
　　　958~965.

［14］　Osama A, Jannadi R. Risk associated with trenching wokes in Saudi Arabia［J］. Building and
　　　Environment, 2008（43）: 776~781.

［15］　郑荣跃，曹茜茜，刘干斌，等．深基坑变形控制研究进展及在宁波地区的实践［J］．工
　　　程力学，2011，28（S2）：38~53.

［16］　陈伟珂，张铮燕．地铁施工灾害关键警兆监测指标研究［J］．中国安全科学学报，2013，
　　　23（1）：148~154.

［17］　Finno R J, Bryson S, Calvello M. Performance of a stiff support system in soft clay［J］.
　　　Journal of Geotechnical & Geoenvironmental Engineering, 2002, 128（8）: 660~671.

［18］ Choi O, Seo J W, Choi B J, et al. Risk-based safety impact assessment methodology for underground construction projects in Korea ［J］. Journal of Construction Engineering and Management, 2008, 134 (4): 72~81.

［19］ 吴伟巍, Patrick T. I. LAM, 李启明, 等. 施工现场安全危险源实时监控与安全风险预测方法研究 ［J］. 中国工程科学, 2010, 12 (3): 68~72.

［20］ 丁烈云, 周诚. 复杂环境下地铁施工安全风险自动识别与预警研究 ［J］. 中国工程科学, 2012, 14 (12): 85~93.

［21］ 王乾坤, 年春光, 杨冬, 等. 基于 T-S 模糊神经网络的地铁深基坑安全预警 ［J］. 中国安全科学学报, 2018, 28 (8): 161~167.

［22］ Komiya K, Soga K, Akagi H, et al. Soil consolidation associated with grouting during shield tunneling in soft clayed ground ［J］. Geotechnique, 2001, 53 (10): 447~448.

［23］ Masini L, Rampello S, Soga K. An approach to evaluate the efficiency of compensation grouting ［J］. Journal of Geotechnical & Geoenvironmental Engineering, 2014, 140 (12): 04014073.

［24］ 翟杰群, 贾坚, 谢小林. 隔离桩在深基坑开挖保护相邻建筑中的应用 ［J］. 地下空间与工程学报, 2010, 6 (1): 162~166.

［25］ 葛双成, 陈军, 赵永辉, 等. 深基坑应急工程中的雷达检测技术研究与应用 ［J］. 地下空间与工程学报, 2011, 7 (3): 558~563.

［26］ Pela-Mora F, Chen A Y, Aziz Z, et al. Mobile ad hoc network-enabled collaboration framework supporting civil engineering emergency response operations ［J］. Journal of Computing in Civil Engineering, 2010, 24 (3): 302~312.

［27］ Irizarry J, Zhou Z, Li Q. Using network theory to explore the complexity of subway construction accident network (SCAN) for promoting safety management ［J］. Safety Science, 2014, 64: 127~136.

［28］ 佟瑞鹏, 丁健, 方东平. 地铁工程建设应急管理评估体系的构建 ［J］. 中国安全科学学报, 2009, 19 (11): 132~138.

［29］ 林麟, 李群. 基于结构化与数字化技术的轨道交通建设工程应急预案体系设计与构建方法研究 ［J］. 中国安全生产科学技术, 2019, 15 (12): 135~142.

［30］ 黄小原, 肖四汉. 神经网络预警系统及其在企业运行中的应用 ［J］. 系统工程与电子技术, 1995 (10): 50~58.

［31］ 乔剑锋. 基于控制理论的大型工程安全风险预警控制模型及仿真研究 ［D］. 北京: 北京邮电大学, 2015.

［32］ 乔国厚. 煤矿安全风险综合评价与预警管理模式研究 ［D］. 武汉: 中国地质大学, 2013.

［33］ 邓小鹏, 周志鹏, 李启明, 等. 地铁工程 Near-miss 知识库构建 ［J］. 东南大学学报 (自然科学版), 2010, 40 (5): 1103~1109.

［34］ 中华人民共和国住房和城乡建设部. GB 50497—2019 建筑基坑工程监测技术规范 ［S］. 北京: 中国计划出版社, 2019.

［35］ 李俊松. 基于影响分区的大型基坑近接建筑物施工安全风险管理研究 ［D］. 成都: 西南交通大学, 2012.

冶金工业出版社部分图书推荐

书　名	作　者	定价(元)
冶金建设工程	李慧民　主编	35.00
土木工程安全检测、鉴定、加固修复案例分析	孟　海　等著	68.00
历史老城区保护传承规划设计	李　勤　等著	79.00
老旧街区绿色重构安全规划	李　勤　等著	99.00
岩土工程测试技术(第2版)(本科教材)	沈　扬　主编	68.50
现代建筑设备工程(第2版)(本科教材)	郑庆红　等编	59.00
土木工程材料(第2版)(本科教材)	廖国胜　主编	43.00
混凝土及砌体结构(本科教材)	王社良　主编	41.00
工程结构抗震(本科教材)	王社良　主编	45.00
工程地质学(本科教材)	张　荫　主编	32.00
建筑结构(本科教材)	高向玲　编著	39.00
建设工程监理概论(本科教材)	杨会东　主编	33.00
土力学地基基础(本科教材)	韩晓雷　主编	36.00
建筑安装工程造价(本科教材)	肖作义　主编	45.00
高层建筑结构设计(第2版)(本科教材)	谭文辉　主编	39.00
土木工程施工组织(本科教材)	蒋红妍　主编	26.00
施工企业会计(第2版)(国规教材)	朱宾梅　主编	46.00
工程荷载与可靠度设计原理(本科教材)	郝圣旺　主编	28.00
土木工程概论(第2版)(本科教材)	胡长明　主编	32.00
土力学与基础工程(本科教材)	冯志焱　主编	28.00
建筑装饰工程概预算(本科教材)	卢成江　主编	32.00
建筑施工实训指南(本科教材)	韩玉文　主编	28.00
支挡结构设计(本科教材)	汪班桥　主编	30.00
建筑概论(本科教材)	张　亮　主编	35.00
Soil Mechanics(土力学)(本科教材)	缪林昌　主编	25.00
SAP2000结构工程案例分析	陈昌宏　主编	25.00
理论力学(本科教材)	刘俊卿　主编	35.00
岩石力学(高职高专教材)	杨建中　主编	26.00
建筑设备(高职高专教材)	郑敏丽　主编	25.00
岩土材料的环境效应	陈四利　等编著	26.00
建筑施工企业安全评价操作实务	张　超　主编	56.00
现行冶金工程施工标准汇编(上册)		248.00
现行冶金工程施工标准汇编(下册)		248.00